高级操作系统实验指导

刘宏哲　编著

電子工業出版社
Publishing House of Electronics Industry
北京·BEIJING

内 容 简 介

本书是操作系统课程的实验教材，旨在帮助读者加强对操作系统原理与设计的理解，以分析、设计、改进和实现操作系统的运行机理和各种算法思想，尤其是操作系统的核心功能。全书共 6 章，内容包括概述、进程管理、内存管理、设备管理、文件管理与系统安全、拓展实验等操作系统核心，在某些经典算法上提供了多种语言、不同平台的实现代码。附录部分给出了 Linux、vi 和 DOS 命令，以便在实践过程中作为工具速查。

本书可作为高等院校计算机专业操作系统课程的实验教材，也可作为各类操作系统教学培训教材和自学参考书。

图书在版编目（CIP）数据

高级操作系统实验指导 / 刘宏哲编著. —北京：电子工业出版社，2017.5

ISBN 978-7-121-30921-2

Ⅰ. ①高…　Ⅱ. ①刘…　Ⅲ. ①操作系统－研究生－教材　Ⅳ. ①TP316

中国版本图书馆 CIP 数据核字（2017）第 025442 号

责任编辑：许存权　　特约编辑：谢忠玉　等
印　　刷：北京七彩京通数码快印有限公司
装　　订：北京七彩京通数码快印有限公司
出版发行：电子工业出版社
北京市海淀区万寿路 173 信箱　邮编 100036
开　　本：787×1 092　1/16　印张：17　字数：436 千字
版　　次：2017 年 5 月第 1 版
印　　次：2022 年 12 月第 6 次印刷
定　　价：49.00 元

凡所购买电子工业出版社图书有缺损问题，请向购买书店调换。若书店售缺，请与本社发行部联系，联系及邮购电话：（010）88254888，88258888。

质量投诉请发邮件至 zlts@phei.com.cn，盗版侵权举报请发邮件至 dbqq@phei.com.cn。

本书咨询联系方式：（010）88254484，xucq@phei.com.cn。

前　言

计算机操作系统（Operating System，OS）是计算机中最重要的系统软件，是最活跃的学科之一，也是计算机相关专业的核心课程。通过本课程的学习，使学生掌握操作系统的基本概念、技术、原理，基本具备从不同层次分析与使用操作系统功能的能力，了解计算机操作系统方面的新技术、新理论与新发展。

本书是操作系统课程的实验教材，旨在帮助学生加强对操作系统原理与设计的理解，以分析、设计、改进和实现操作系统的运行机理和各种算法及操作系统的核心功能。全书共 6 章，内容包括操作系统概述、进程管理、内存管理、设备管理、文件管理与系统安全、拓展实验等；分别介绍 Linux 和 Windows 操作系统的实验环境、进程和线程创建、调度算法、同步与通信、死锁处理、内存资源分配与回收、页面置换算法、GPU 并行编程以及在智能驾驶中的应用等；附录给出了 Linux、vi 和 DOS 命令，以便在实践过程中作为工具速查。在某些经典算法上提供了多种语言、不同平台的实现代码。

本书强调对操作系统的动手实践能力，全文以实验为主线，在实验中验证原理，加强对操作系统原理与设计的理解；本书精选操作系统经典核心算法，提供了 Java 和 C++ 两种语言在 Linux 和 Windows 平台实现的源代码，一个原理在不同操作环境下实现、验证或解释原理算法；本书的代码通过严格的验证实现，先由学生自主实现，再统一在实验平台上优化复现，严格控制代码的准确性。本书实验的代码等资源，请在华信教育资源网（www.hxedu.com.cn）的本书页面下载。

本书根据《操作系统概念课程教学大纲》的要求编写，目的是让学生能够进一步了解操作系统的基本概念、原理，通过综合性、验证性和设计性等实验，熟练掌握操作系统的运行机理和各种算法思想，了解操作系统的核心功能。同时，还希望通过实验，进一步提高学生的动手能力和综合运用所学知识的能力，本书可作为高等院校计算机专业操作系统课程的实验教材，也可作为各类操作系统教学的培训教材和自学资料。

北京市信息服务工程重点实验室

目 录

第1章　概　　述

操作系统是计算机硬件和计算机用户之间中介的程序。操作系统的目的是为用户提供方便有效执行程序的环境。操作系统是管理计算机硬件的软件。硬件必须提供合适的机制来保证计算机的正确运行，以及确保系统不受用户程序干扰。

操作系统的功能包括管理计算机系统的硬件、软件及数据资源，控制程序运行，改善人机界面，为其他应用软件提供支持，让计算机系统所有资源最大限度地发挥作用，提供各种形式的用户界面，使用户有一个好的工作环境，为其他软件的开发提供必要的服务和相应的接口等。实际上，用户不需接触操作系统，操作系统可以管理计算机硬件资源，同时按照应用程序的资源请求，分配资源。例如，划分 CPU 时间，开辟内存空间、调用打印机等。

本章目标：

- 熟悉 Linux 和 Windows 操作系统的实验环境。
- 学习 Linux 操作系统提供的调用接口，将一个新的系统调用加入内核中。

1.1　操作系统环境实验

典型的操作系统有 UNIX、Linux、Mac 和 Windows 等。本书是为基于市场上常见的 Linux 和 Windows 操作系统的实验课程而编写的。

- Linux 是一套免费使用和自由传播的类 UNIX 操作系统，是一个基于 POSIX 和 UNIX 的多用户、多任务、支持多线程和多 CPU 的操作系统。它能运行主要的 UNIX 工具软件、应用程序和网络协议。它支持 32 位和 64 位硬件。Linux 继承了 UNIX 以网络为核心的设计思想，是一个性能稳定的多用户网络操作系统。Linux 有许多不同的版本，但它们都使用了 Linux 内核。Linux 可安装在各种计算机硬件设备中，如手机、平板电脑、路由器、视频游戏控制台、台式计算机、大型机和超级计算机。
- Windows 是由微软公司成功开发的操作系统。Windows 是一个多任务的操作系统，它采用图形窗口界面，用户对计算机的各种复杂操作只需通过点击鼠标就可以实现。随着电脑硬件和软件的不断升级，微软的 Windows 也在不断升级，从架构的 16 位、32 位，再到 64 位，系统版本从最初的 Windows 1.0 到大家熟知的 Windows 95、Windows 98、Windows ME、Windows 2000、Windows 2003、Windows XP、Windows Vista、Windows 7、Windows 8、Windows 8.1、Windows 10 和 Windows Server 服务器企业级操作系统，不断持续更新，微软一直在致力于 Windows 操作系统的开发和完善。

实验一　Linux使用环境

一、实验目的及要求

能使用常用的Linux命令，熟悉Linux使用环境。

二、实验基础

学习附录A：Linux命令速查。

三、实验内容

（1）登录后创建一个用户账号，账号名是："os"+你的学号，如os104。
（2）重新以这个新的账号登录，在当前用户主目录下，新建目录lab1。
（3）设置文件访问权限。
（4）结合帮助和附录B，练习使用其他常用命令。

四、实验步骤

（一）Linux的登录与退出

1. 本地登录Linux

根据系统配置的不同，有文本和图形两种登录模式。

（1）如果是文本登录模式，则步骤如下。

login：（输入username）

password：（输入密码，注意密码不会回显）

如登录成功，则出现提示符。如果要进入图形界面环境，则输入：startx。

（2）如果是图形登录模式，则在输入用户名和密码之后即可直接进入图形界面环境。

2. 远程登录Linux服务器

在DOS环境下用MS提供的telnet程序（也可使用Windows自带的telnet图形界面程序或多功能的S-Term终端程序），可使PC成为Linux主机的一台仿真终端。多个终端或仿真终端可以同时登录同一台Linux系统，分时使用Linux操作系统。

（1）连接

telnet 主机名（或主机的IP地址）

例：telnet　www.yahoo.com　或 telnet　140.122.77.120

（2）登录

连接成功之后，输入用户名和密码，即可以终端模式分时使用Linux操作系统。

（3）退出

在Linux系统提示符$下，输入logout、exit或shutdown。

例：$ logout

（二）学会使用帮助

1. 在线帮助 man 命令

在 Linux 下，当要查找一个命令的用法时，可以通过“man 命令名”来得命令的详细说明。因为每个 Linux 都有一份 man 文档，所以，我们介绍命令的时候，只是简单介绍命令的常用选项。如果想查看命令的详细说明，请自己用 man。

执行格式：man　command

例：man　ls　　　　/*查询 ls 指命令的用法*/

2. 显示说明命令 info

执行格式:　info　command-name

例:　info　gcc

功能: 查看 gcc 的说明，按上下箭头选定菜单，回车进入，按“u”字母键返回上级菜单。info 不加参数则进入最上一级菜单。

（三）目录和文件管理

1. 在用户主目录下为每个实验创建一个目录。

```
[os001@localhost os001]#pwd
[os001@localhost os001]#mkdir lab1
[os001@localhost os001]#cd lab1
[os001@localhost lab1]#
```

2. 编辑程序，设置文件访问权限。

```
[os001@localhost lab1]#vi test.c
:wq
 [os001@localhost lab1]# ls -l
-rw-r--r--     1 root     root          6    6 29 15:30 test.c
[os001@localhost lab1]# chmod u+x,g+x,o-r test.sh
[os001@localhost lab1]# ls -l
-rwxr-x---     1 root     root          6    6 29 15:30 test.c
```

3. Linux 将用户分成三类。

文件用户属主、同组用户、其他用户，分别用 u、g、o 表示。基本权限包括读、写、执行，分别用 r、w、x 表示。

结合帮助和附录 B，练习使用如下常用命令。

（1）目录操作: ls、mkdir、rmdir、cd、pwd。

（2）文件操作: more file1、cp、mv。

（3）系统询问与权限口令: su、chmod。

（4）I/O 命令: com1|com2、com>file1。

实验二　Linux 下 C 编程环境

一、实验目的及要求

（1）了解 Linux 主要目录内容。

（2）掌握在 Linux 环境下开发 C 程序的一般流程。

（3）学习 vi 编辑器、gcc 编译、gdb 调试 C 程序。

二、实验步骤

（一）认识 Linux 主要目录的内容

（1）/：根目录。

（2）/bin：存放了使用者最常用的命令。

（3）/boot：引导核心的程序目录。

（4）/dev：包含了所有 Linux 的外部设备名。

（5）/etc：包含了系统管理的配置文件和子目录。

（6）/home：用来存放用户主目录的地方。

（7）/lib：存放了系统最基本的动态链接。

（8）/lost+found：一般是空的。

（9）/opt：用于安装那些可以进行选择安装的软件包。

（10）/proc：是 Linux 提供的一个虚拟系统。

（11）/root：这个目录是超级用户 root 默认的主目录。

（12）/sbin：用来存放系统管理员使用的系统管理程序。

（13）/tmp：用来存放各程序执行时所产生的临时文件。

（14）/usr：用户的很多应用程序和文件几乎都存放在这个目录中。

（15）/var：主要存放一些系统记录文件和配置文件。

（二）认识 Linux 下的 C 语言开发环境

C 是一种在 Linux 系统下广泛使用的编程语言，90%以上的 Linux 核心源代码和 Linux 系统上运行的大部分程序都是用 C 语言编写的，而且，Linux 发行版中包含的很多软件开发工具，也是用 C 和 C++应用程序开发的。

在 Linux 下 C 程序的开发过程如下：

（1）使用 vi 等编辑器编辑源程序，保存为后缀为.c 的源文件。

（2）使用 gcc 编译源程序，生成二进制的可执行文件。

（3）若有问题，启用 gdb 进行调试。

（4）大型程序需要使用 make 工具进行维护。

因此，要在 Linux 下进行 C 程序开发，需要掌握的编程工具如下：

- 至少要熟悉使用一种编辑器。其中 vi 是 Linux 中最基本、最经典的一种编辑器，比较容易，但功能比较弱。Emacs 是功能比较强大的一个编辑器，但比较难。当然，也可以选择 gedit、kate 等其他编辑器。

- gcc 编译器。
- 软件维护工具 make 和 autoconf、automake 等。
- gdb 调试器。

（三）认识文件编辑器 vi

vi 是“visual interface”的简称，是 Linux 环境下一款标准的全屏文本编辑器。

在 shell 中执行“vi 编辑程序”，即进入 vi 编辑器，如下：

```
[root@localhost ~]# vi vitest.c
```

vi 有两种基本的工作模式：命令模式和输入模式。

①命令模式。启动 vi 进入编辑器，或在输入模式下，按 Esc 键，即处于命令模式下，此时用户输入的任何字符皆被视为命令，可进行删除、修改、查找、存盘等操作。如果输入的是合法的 vi 命令，所输入的命令会被立即解释执行，并不会在屏幕上显示出来。但一些以冒号（:)、斜杠（/）和问号（?）开头的命令，会显示在 vi 编辑器屏幕的最后一行，需要按回车键来执行命令。

②输入模式。在命令模式下按 Insert 键或输入插入文本类命令即可进入输入模式。此时输入的任何字符都会显示在编辑器屏幕上，并作为文本内容写入到用户文件中。

预习附录 B，了解详细的 Vi 命令。

（四）认识 GNU C 编译器

Linux 上可用的 C 编译器是 GNU C 编译器，它建立在自由软件基金会编程许可证的基础上，因此可以自由发布。

Linux 上的 GNU C 编译器（GCC）是一个全功能的 ANCI C 兼容编译器，而一般 Linux（如 SCO Linux）用的编译器是 CC。通常后跟一些选项和文件名来使用 GCC 编译器。

GCC 命令的基本用法如下：

```
gcc [options] [filenames]
```

命令行选项指定编译过程中的具体操作，当不用任何选项编译一个程序时，gcc 将建立（假定编译成功）一个名为 a.out 的可执行文件。

假设有下面一个非常简单的源程序(hello.c)：

```
int main(int argc，char **argv)
{  printf("Hello Linux\n");   }
```

要编译这个程序，只要在命令行下执行如下命令：

```
[root@localhost ~]# gcc hello.c
```

编译成功后，当前目录下就产生了一个 a.out 的可执行文件。执行该文件即产生输出结果。

```
[root@localhost ~]# ./a.out
```

值得注意的是，如果在同一目录下用同样的方法再去编译其他的源文件，或重新编译源文件，那么原来的可执行文件 a.out 将被覆盖。可以用-o 选项来指定可执行文件的名字，例如：

[root@localhost ~]# gcc hello.c -o hello

编译成功后，产生的可执行文件就是 hello。

gcc 有超过 100 个的编译选项可用，有预处理选项、编译选项、优化选项和连接选项等。这些选项中的大多数可能永远都不会用到，最基本最常用的选项有如下 3 个：

-o 选项 指定要求输出的可执行文件名。

-c 选项 只要求编译器输出目标代码，不进行连接。用于对源文件的分别编译。

-g 选项 要求编译器在编译的时候加入 gdb 使用的附加信息。

（五）了解 gdb 调试工具

查找程序中的错误，诊断其准确位置，并予以改正，这就是程序调试。

Linux 包含了一个叫 gdb 的 GNU 调试程序。gdb 是一个用来调试 C 和 C++程序的强有力调试器。它使得在程序运行时能观察程序的内部结构和内存的使用情况，它具有以下一些功能。

- 监视程序中变量的值；
- 设置断点以使程序在指定的代码行上停止执行；
- 一行一行地执行代码。

以下是利用 gdb 进行调试的步骤。

1. 调试编译代码

为了使 gdb 正常工作，必须在编译时使用-g 选项使程序包含调试信息。调试信息里包含程序中每个变量的类型和在可执行文件中的地址映射以及源代码的行号。gdb 利用这些信息使源代码和机器码相关联。

在终端输入 gdb，即进入 gdb 调试环境，就可以使用各种调试命令来调试程序。

2. gdb 基本命令

gdb 支持很多 W 命令来完成各种调试功能，表 1-1 是一些常用的基本命令。

表 1-1 gdb 常用调试命令

命　令	描　述
file 可执行程序名	装入欲调试的可执行文件
list	列出产生执行文件的源代码部分
break 行号	在代码里设置断点，使程序执行到这里时被挂起
info break	显示断点
delete 断点号	删除断点
run	执行当前被调试的程序
continue	从当前行执行到下一个断点处，或到程序结束
next	执行一行源代码，但不进入函数内部

续表

命 令	描 述
step	执行一行源代码，并进入函数内部
watch 表达式	监视一个变量的值，而不管它何时被改变
print 表达式	查看当前程序中运行的变量的值
kill	终止正在调试的程序
quit	终止 gdb

实验三 Windows 系统管理命令

一、实验目的及要求

（1）掌握命令行窗口的显示设置。

（2）学会系统的基本配置。

（3）显示系统基本信息。

（4）掌握系统配置管理。

（5）任务管理。

二、实验环境

一台装有 Windows 的机器。

三、实验基础

预习附录 C，了解 Windows 控制台命令。

四、实验内容

1. 基本命令的使用

进入 Windows 控制台窗口，并为控制台窗口设置文字和背景颜色，改变控制台窗口的名称；显示系统日期和时间，并为系统设置新的时间和日期；改变 Windows 命令行提示符，获得 Windows 的版本号。

2. 宏命令的使用

在控制台窗口中实现创建宏和使用宏过程。

3. 批处理文件的建立和使用

批处理文件是一种命令文件，它将一组命令按照一定的顺序组合在一起，用来完成一定的功能。批处理文件必须以 bat 为扩展名。批处理文件有两种，一种是系统启动时自动运行的（autoexec，bat），另一种是需要用户输入命令名来运行的。批处理文件可以用任何文本编辑器编辑，只要在保存文件时将其扩展名改为 bat 就可以，简单的批处理文件可以用行编辑命令“copy con”完成。

4. 计划任务的建立

计划任务命令可以让系统在规定的时刻自动完成预先定义好的一系列操作。在Windows 中，可以使用“控制面板”中的“任务计划”工具来安排任务，也可以使用 at 命令手动安排任务，这里练习如何使用 at 命令创建和取消计划任务。

五、实验步骤

1. 基本命令的使用

实验步骤如下。

①单击“开始”菜单，在“运行”窗口中输入 cmd 命令，单击“确定”按钮。

②在系统提示符下输入 title“我的 Windows”控制台窗口命令，按 Enter 键。

③改变系统日期，在系统提示符下输入“date 2007/08/27”命令，按 Enter 键；改变系统时间，在系统提示符下输入“time 19:59:26.00”命令，按 Enter 键。输入不带参数的 date 和 time 命令就可以显示当前的日期和时间。

④在系统提示符下输入“prompt $ $”，按 Enter 键，改变当前系统提示符，如要还原成系统默认的提示符，可以输入“prompt $p $g”。

注意：在 Winows7 中，cmd 要获取管理员身份运行，方法是：Windows→所有程序→附件→运行（右键，以管理员身份运行），输入 CMD 回车。

2. 宏命令的使用

（1）创建宏。

在系统提示符下依次输入下面几个命令：

```
doskey ls = dir
doskey up = cd.
doskey root =cd\
```

利用多个命令定义宏，使用$t 分隔命令，如下所示：

```
doskey myroot = cd\$t cd "%userprofile%\"
```

使用参数的宏，如下所示：

```
doskey mc = md $1 $tcd $1
```

/macros 和 /history 命令行选项，对于创建、保存宏和命令的批处理程序非常有用，要存储所有当前的 doskey 宏，可输入 doskey/macros > macinit。

要创建包含最近使用命令的批处理程序 tmp.bat，输入 doskey/history > tmp》bat。

（2）使用宏。

```
ls
up
Root
Myroot
Mc pic
```

要使用存储 macinit 中的宏，可输入 doakey/macrofile=macint。

3. 批处理文件的建立和使用

（1）建立一个批处理文件 Macinit.bat，用于定义列宏。

①在提示符下输入 copy con Macinit.bat。

②输入以下几行命令。

```
Doskey ls=dir
Doskey up=cd.
Doskey root=cd\
```

③按 Ctrl＋z 组合键后按 Enter 键。

④在键盘上输入 Macinit 命令来执行 Macinit.bat。

（2）建立一个批处理文件 ct.bat，用于清理系统中的临时文件。

①打开写字板工具。

②输入以下几行命令。

```
@echo off
Echo 正在清除系统垃圾文件，请稍等……
del/f/s/q % systemdrive % \ *.tmp
del/f/s/q % systemdrive % \ *. mp
del/f/s/q % systemdrive % \ *.log
del/f/s/q % systemdrive % \ *.gid
del/f/s/q % systemdrive % \ *.chk
del/f/s/q % systemdrive % \ *.old
del/f/s/q % systemdrive % \recycled\*. *
del/f/s/q % windir % \*.bak
del/f/s/q % windir % \prefetgch\*.*
rd/s/q % windir %\gtemp & md % windir % \temp
del/f/s % userprofile % \ cookies \ *. *
rel/f/s % userprofile % \ recent \ * . *
Echo 清除系统垃圾完成。
Echo on
```

③保存文件，修改扩展名。

④运行 ct.bat。

4. 计划任务的建立

（1）创建计划任务

在命令提示符下，输入“net start”，然后按 Enter 键，显示当前运行的服务列表，如果“task scheduler”未显示在列表中，则可输入 net start “task scheduler”。

要想在午夜将 Documents 文件夹中的所有文件复制到 MyDocs 文件夹中，可用以下命令行：

at 00：00 cmd/c copy C：\Documents* . *　C：\MyDocs

要想在每个工作日晚上 11：00 备份 products 服务器，可创建包含命令的批处理文件（例如：Backup.bat），输入下面一行命令，然后按 Enter 键，安排该备份任务。

at\\products 23:00/every:M,T,W,Th,F backu

（2）查看计划任务

要查看本地计算机上的所有计划任务，输入 at，然后按 Enter 键。

要查看名为 Support 的计算机上的所有计划任务，输入 at\support，然后按 Enter 键。

要查看本地计算机上 ID 为 18 的任务，输入 at 18，然后按 Enter 键。

（3）取消计划任务

要取消在本地计算机上安排的所有任务，输入 at/delete，然后按 Enter 键。

要取消名为 MyServer 的计算机上的 ID 为 8 的任务，输入 at\\MyServer8/delete，然后按 Enter 键。

注意:在运行命令之前，at 不会自动加载 cmd.exe(命令解释程序)，如果没有运行可执行文件(.exe)，则在命令开头必须使用专门的方法加载 cmd.exe。

例如：at 00:00 cmd/c dir

使用 at 的已经计划的命令作为后台程序，运行结果不会显示在计算机上。要将输出重定向到文件，可以使用重定向符号(>)。如果将输出重定向到文件，则不论是在命令行还是在批处理文件中使用 at，都需要在重定向符号之前使用转义符(^)。例如，要重定向输出到 Output.text 文件，则需输入 at 14:45cmd/c　dir^>c:\output.txt。

实验四　Windows 文件操作命令

一、实验目的及要求

（1）加深对文件、目录和文件系统等概念的理解。

（2）掌握 Windows 文件系统的目录结构。

（3）掌握有关 Windows 文件系统操作的常用命令。

二、实验环境

一台装有 Windows 的机器。

三、实验基础

预习附录 C，Windows 控制台命令。

四、实验内容

1. 文件管理

在本实验中，将对文件和目录进行创建、更名、删除、移动等操作。在 Windows 系统中，文件名包括文件名和扩展名两部分，文件名和扩展名之间用点（.）隔开。文件名由字母和数字组成，最长 255 个字符；扩展名通常由 3 个字符组成，但也有超过和小于 3 个字符的扩展名。文件名中的字母大小写不敏感，filel 和 Filel 是同一个文件。在 Windows 系统中扩展名通常代表某一特定的文件，例如，DOC 表示 Word 文件、XLS 表示 Excel 文件、TXT 表示文本文件、BAT 表示批处理文件，等等。目录就是人们通常说的文件夹，它的命名规则和文件一样，一般不用扩展名，但有时也可以用。

2. 查看文件

查看文件的内容、属性、创建时间等。

五、实验步骤

1. 文件管理

（1）使用 copy con 来创建文件。

在命令行状态下建立简单的文件可以使用 copy con filename 命令来完成，copy con 建立的是纯文本文件。

①建立一个名字为 filel 的文件。
②查看文件的属性是什么。
③文件创建的日期和时间是什么。
④文件的大小是多少。

（2）运行 cd 命令，确定当前的工作目录。

①利用 dir 命令显示当前工作目录的内容。
②运行以下命令 dir/?，查看 dir 带参数有什么意义。
③使用 md 命令建立一个子目录 mydir。
④使用 cd 命令进入子目录 mydir。
⑤用 dir 命令显示 mydir 中的内容。
⑥执行 cd 命令，查看当前的工作目录。
⑦执行 cd\命令，查看当前的工作目录。
⑧执行 cd%windir%命令，查看当前的工作目录。
⑨执行 cd%userprofile%\命令，查看当前的工作目录。

2. 查看文件

①利用 cd 命令，将工作目录改到主目录上。
②将工作目录改到子目录 mydir，然后运行命令：date>filel，将当前日期和时间存放到新建文件 filel 中。
③使用 type 命令查看 filel 文件的内容。
④利用 help 命令显示 date 命令的用法，help date。
⑤将 date 命令的用法附加到文件 filel 的后面，help date>>filel。
⑥利用 type 命令显示文件 filel 的内容。
⑦利用 dir/t:c filel 命令列出文件 filel 的创建时间。

⑧运行 move filel ..命令。

⑨运行 cd\,dir filel/s，看看文件 filel 被移动到哪里了。

⑩使用 dir/s 查找文件。

⑪进入 filel 文件所在的目录中。

⑫用 attrib filel 查看 filel 文件的属性。在 Windows 系统中，文件有四种属性，其中 R 代表只读属性，A 代表存档属性，H 代表隐含性，S 代表系统属性。

⑬使用 attrib +h filel 命令改变 filel 的属性。

⑭看看执行 dir filel 命令后的提示。

⑮运行 attrib –h +r filel 命令，然后用 attrib 查看 filel 文件的属性。

⑯看看执行 del filel 命令后的提示。

⑰运行 find/c/i " B " filel，查看 B 字符在 filel 文件中哪一行。

1.2 详解系统调用实现机制

一、系统调用意义

Linux 内核中设置了一组用于实现系统功能的子程序，称为系统调用。系统调用和普通库函数调用非常相似，只是系统调用由操作系统核心提供，运行于核心态，而普通的函数调用由函数库或用户自己提供，运行于用户态。

一般地，进程是不能访问内核的。它不能访问内核所占内存空间，也不能调用内核函数，CPU 硬件决定了这些（这就是为什么它被称作“保护模式”）。为了和用户空间上运行的进程进行交互，内核提供了一组接口。透过该接口，应用程序可以访问硬件设备和其他操作系统资源。这组接口在应用程序和内核之间扮演了使者的角色，应用程序发送各种请求，而内核负责满足这些请求（或者让应用程序暂时搁置）。实际上提供这组接口主要是为了保证系统稳定可靠，避免应用程序肆意妄行。

系统调用在用户空间进程和硬件设备之间添加了一个中间层，该层主要作用有以下三个。

- 它为用户空间提供了一种统一的硬件的抽象接口。比如，当需要读一些文件的时候，应用程序就可以不去管磁盘类型和介质，甚至不用管文件所在的文件系统到底是哪种类型。
- 系统调用保证了系统的稳定性和安全性。作为硬件设备和应用程序之间的中间人，内核可以基于权限和其他一些规则，对需要进行的访问进行裁决。举例来说，这样可以避免应用程序不正确地使用硬件设备，窃取其他进程的资源，或做出其他危害系统的事情。
- 每个进程都运行在虚拟系统中，而在用户空间和系统的其余部分提供这样一层公共接口，也是出于这种考虑。如果应用程序可以随意访问硬件而内核又对此一无所知的话，几乎就没法实现多任务和虚拟内存，当然也不可能实现良好的稳定性和安全性。在 Linux 中，系统调用是用户空间访问内核的唯一手段；除异常和中断外，它们是内核唯一的合法入口。

二、API/POSIX/C 库的关系

一般情况下，应用程序通过应用编程接口（API）而不是直接通过系统调用来编程。这一点很重要，因为应用程序使用的这种编程接口实际上并不需要和内核提供的系统调用一一对应。一个 API 定义了一组应用程序使用的编程接口。它们可以实现成为一个系统调用，也可以通过多个系统调用来实现，而完全不使用系统调用也不存在问题。实际上，API 可以在各种不同的操作系统上实现，给应用程序提供完全相同的接口，而它们本身在这些系统上的实现却可能迥异。

在 UNIX 世界中，最流行的应用编程接口是基于 POSIX 标准的，其目标是提供一套大体上基于 UNIX 的可移植操作系统标准。POSIX 是说明 API 和系统调用之间关系的一个极好例子。在大多数 UNIX 系统上，根据 POSIX 而定义的 API 函数和系统调用之间有着直接关系。

Linux 的系统调用像大多数的 UNIX 系统一样，是作为 C 库的一部分提供的。C 库实现了 UNIX 系统的主要 API，包括标准 C 库函数和系统调用。所有的 C 程序都可以使用 C 库，而由于 C 语言本身的特点，其他语言也可以很方便地把它们封装起来使用。

三、系统调用的实现

1. 系统调用处理程序

用户空间的程序无法直接执行内核代码。它们不能直接调用内核空间中的函数，因为内核驻留在受保护的地址空间上。如果进程可以直接在内核的地址空间上读/写的话，系统安全就会失去控制。所以，应用程序应该以某种方式通知系统，告诉内核自己需要执行一个系统调用，希望系统切换到内核态，这样内核就可以代表应用程序来执行该系统调用了。

通知内核的机制是利用软件中断实现的。首先，用户程序为系统调用设置参数。其中一个参数是系统调用编号。参数设置完成后，程序执行“系统调用”指令。x86 系统上的软中断由 int 产生。这个指令会导致一个异常，即产生一个事件，这个事件会致使处理器切换到内核态并跳转到一个新的地址，并开始执行那里的异常处理程序。此时的异常处理程序实际上就是系统调用处理程序，它与硬件体系结构紧密相关。

新地址的指令会保存程序的状态，计算出应该调用哪个系统调用，调用内核中实现那个系统调用的函数，恢复用户程序状态，然后将控制权返还给用户程序。系统调用是设备驱动程序中定义的函数最终被调用的一种方式。

2. 系统调用号

在 Linux 中，每个系统调用被赋予一个系统调用号。这样，通过这个独一无二的号就可以关联系统调用。当用户空间的进程执行一个系统调用时，这个系统调用号就用来指明到底是要执行哪个系统调用，而进程是不会提及系统调用的名称的。

系统调用号相当关键，一旦分配就不能再有任何变更，否则编译好的应用程序就会崩溃。Linux 有一个“未实现”系统调用 sys_ni_syscall()，它除了返回一 ENOSYS 外不做其他任何工作，这个错误号就是专门针对无效的系统调用而设的。

因为所有的系统调用陷入内核的方式都一样，所以仅仅是陷入内核空间是不够的。因此，必须把系统调用号一并传给内核。在 x86 上，系统调用号是通过 eax 寄存器传递给内核的。在陷入内核之前，用户空间就把相应系统调用所对应的号放入 eax 中。这样系统调用处理程序一旦运行，就可以从 eax 中得到数据，其他体系结构上的实现也都类似。

内核记录了系统调用表中所有已注册过的系统调用列表，存储在 sys_call_table 中。它与体系结构有关，一般在 entry.s 中定义。这个表中为每一个有效的系统调用指定了唯一的系统调用号。sys_call_table 是一张由指向实现各种系统调用的内核函数的函数指针组成的表，代码如下：

```
ENTRY(sys_call_table)
.long SYMBOL_NAME(sys_ni_syscall)          /* 0  -  old "setup()" system call*/
.long SYMBOL_NAME(sys_exit)
.long SYMBOL_NAME(sys_fork).
……
.long SYMBOL_NAME(sys_capget)
.long SYMBOL_NAME(sys_capset)              /* 185 */
.long SYMBOL_NAME(sys_sigaltstack)
.long SYMBOL_NAME(sys_sendfile)
.long SYMBOL_NAME(sys_ni_syscall)          /* streams1 */
.long SYMBOL_NAME(sys_ni_syscall)          /* streams2 */
.long SYMBOL_NAME(sys_vfork)               /* 190 */
```

system_call()函数通过将给定的系统调用号与 NR_syscalls 做比较来检查其有效性。如果它大于或者等于 NR syscalls，该函数就返回一 ENOSYS。否则，就执行相应的系统调用。

```
call *sys_ call-table(，%eax, 4)
```

由于系统调用表中的表项是以 32 位(4 字节)类型存放的，所以内核需要将给定的系统调用号乘以 4，然后用所得的结果在该表中查询其位置。

3. 参数传递

除了系统调用号以外，大部分系统调用都还需要输入一些外部的参数。所以，在发生异常的时候，应该把这些参数从用户空间传给内核。最简单的办法就是像传递系统调用号一样把这些参数也存放在寄存器里。在 x86 系统上，ebx, ecx, edx, esi 和 edi 按照顺序存放前五个参数。需要六个或六个以上参数的情况不多见，此时，应该用一个单独的寄存器存放指向所有这些参数在用户空间地址的指针。

4. 参数验证

系统调用必须仔细检查它们所有的参数是否合法有效。举例来说，与文件 I/O 相关的系统调用必须检查文件描述符是否有效。与进程相关的函数必须检查提供的 PID 是否有效。必须检查每个参数，保证它们不但合法有效，而且正确。

最重要的一种检查就是检查用户提供的指针是否有效。试想，如果一个进程可以给内核传递指针而又无须检查，那么它就可以给出一个它根本就没有访问权限的指针，哄骗内核去为它复制本不允许它访问的数据，如原本属于其他进程的数据。在接收一个用户空间的指针之前，内核必须做到以下保证。

- 指针指向的内存区域属于用户空间。进程决不能哄骗内核去读内核空间的数据。
- 指针指向的内存区域在进程的地址空间里。进程决不能哄骗内核去读其他进程的数据。
- 如果是读，该内存应被标记为可读；如果是写，该内存应被标记为可写。进程决不能绕过内存访问限制。

内核提供了两个方法来完成必需的检查和内核空间与用户空间之间数据的来回复制。注意，内核无论何时都不能轻率地接受来自用户空间的指针!这两个方法中必须有一个被调用。为了向用户空间写入数据，内核提供了 copy_to_user()，它需要三个参数，第一个参数是进程空间中的目的内存地址，第二个是内核空间内的源地址，最后一个参数是需要复制的数据长度（字节数）。

为了从用户空间读取数据，内核提供了 copy_from_ user()，它和 copy-to-User()相似。该函数把第二个参数指定位置上的数据复制到第一个参数指定的位置上，复制的数据长度由第三个参数决定。如果执行失败，这两个函数返回的都是没能完成复制数据的字节数。如果成功，返回 0。当出现上述错误时，系统调用返回标准-EFAULT。

注意，copy_to_user()和 copy_from_user()都有可能引起阻塞。当包含用户数据的页被换出到硬盘上而不是在物理内存上的时候，这种情况就会发生。此时，进程就会休眠，直到缺页处理程序将该页从硬盘重新换回物理内存为止。

5. 系统调用的返回值

系统调用（在 Linux 中常称为 syscalls）通过函数进行调用。它们通常都需要定义一个或几个参数（输入），而且可能产生一些副作用，例如写某个文件或向给定的指针复制数据等。为防止和正常的返回值混淆，系统调用并不直接返回错误码，而是将错误码放入一个名为 errno 的全局变量中。通常用一个负的返回值来表示错误。返回一个 0 值通常表示成功。如果一个系统调用失败，可以读出 errno 的值来确定问题所在。通过调用 perror()库函数，可以把该变量翻译成用户可以理解的错误字符串。

errno 不同数值所代表的错误消息定义在 errno.h 中，也可以通过命令"man 3 errno"来查看它们。需要注意的是，errno 的值只在函数发生错误时设置，如果函数不发生错误，errno 的值就无定义，并不会被置为 0。另外，在处理 errno 前最好先把它的值存入另一个变量，因为在错误处理过程中，即使像 printf()这样的函数出错时也会改变 errno 的值。

当然，系统调用最终具有一种明确的操作。举例来说，如 getpid()系统调用，根据定义它会返回当前进程的 PID。内核中它的实现非常简单，如下:

```
asmlinkage long sys_ getpid(void)
{       return current-> tgid;}
```

上述的系统调用尽管非常简单，但还是可以从中发现两个特别之处。首先，注意函数声明中的 asmlinkage 限定词，这是一个小戏法，用于通知编译器仅从栈中提取该函数的参数。所有的系统调用都需要这个限定词。其次，注意系统调用 get_pid()在内核中被定义成 sys_ getpid。这是 Linux 中所有系统调用都应该遵守的命名规则。

四、系统调用基本原理

在 Intel 386 结构的 Linux 中，系统调用利用软件中断的原理，通过陷入指令（即 INT 0x80 汇编指令）触发中断，将系统切换为核心态，并安排处理程序的执行。处理函数检查系统调用号，得到确认后请求服务，并查看系统调用表找到内核函数的入口地址，接着调用相应的函数，在返回后做一些系统检查，最后返回到进程，如图 1-1 所示为系统调用原理。

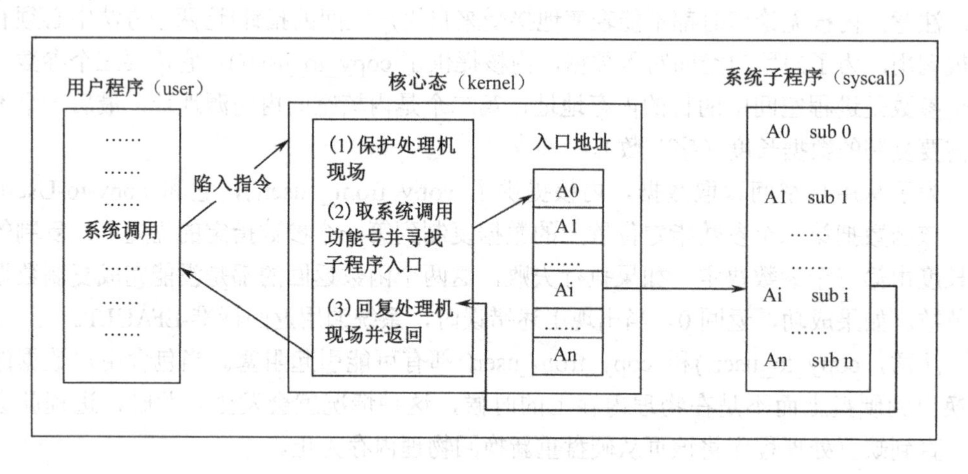

图 1.1 系统调用原理

实验一 详解 Linux 系统添加系统调用方法

一、实验目的

学习 Linux 操作系统提供的系统调用接口，以及一个用户程序如何通过该接口与操作系统内核实现通信。

二、实验环境

由于 Linux 版本很多，内核也较之有所变化，所以，选择一个稳定和完整的环境将事半功倍，在做这实验时，就由于安装的 Linux 系统版本在寻找文件和编译过程费了很长时间。这里为了方便大家顺利完成实验，建议下载以下文件。

①VMware 9（或者更高）

②Ubuntu10.10（内核为 2.6.35）

③Linux 内核 Linux-2.6.35.3.tar.bz2

④ncurses 文件 ncurses-devel-5.5-24.20060715.i386.rpm

三、实验流程

我们知道，一个正常的应用程序（这里是用 C/C++编写）的运行是需要有主函数的，再调用我们定义的函数，取得系统调用号，执行陷入指令，产生中断，进行地址空间的转换和堆栈的切换，进入到内核态，根据系统调用表找到函数入口地址，运行我们增加的系统调用函数，其主要流程如图 1-2 所示。

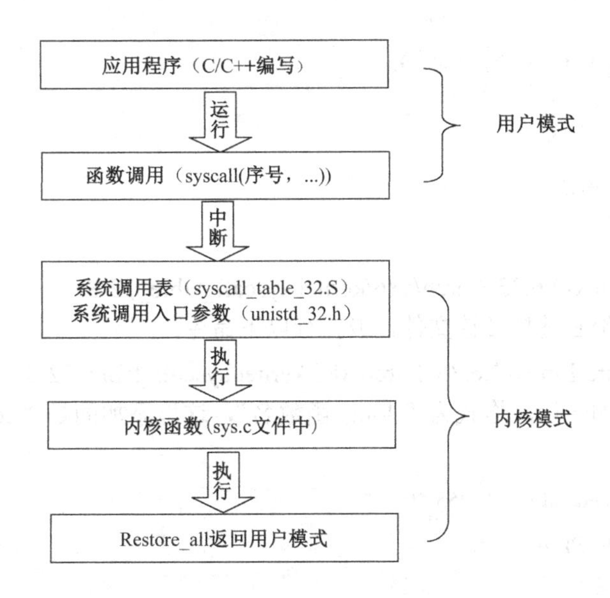

图 1-2 实验流程图

四、实验步骤

1. 预处理工作

（1）安装 VMware，并在此平台下安装 Ubuntu10.10，分配的硬盘空间至少在 20GB 以上，一方面是为了保存快照，便于查错；另一方面是防止在编译内核时出现空间不足。

（2）确保安装完 VMware tools 后能够运行，方便我们在宿主机和虚拟机之间复制文件。也或者保证虚拟机能够上网，在线下载自动安装或网上下载后手动安装。

2. 准备文件

（1）如果已经安装了 VMware tools，就可以将宿主机下载的文件拖拽到虚拟机 Linux 的/usr/src 文件夹下。

（2）打开终端（kernel），执行 sudo su 获取 root 权限。

（3）将内核代码解压缩，运行解压命令。

tar －jxvf Linux-2.6.35.3.tar.bz2

解压出的文件夹为/usr/src/Linux-2.6.35.3。

3. 增加系统函数实现

修改文件 /usr/src/Linux-2.6.35.3/kernel/sys.c。

可以在管理员身份右键打开该文件，或执行以下命令：

gedit /usr/src/Linux-2.6.35.3/kernel/sys.c

在文件最后添加一个函数如下：

```
asmlinkage int sys_mycall(int number)
{
printk( "This mis my frist system call" );
return number;
}
```

4. 添加系统调用表

修改以下文件：

/usr/src/Linux-2.6.35.3/arch/x86/kernel/syscall_table_32.S

可以管理员身份右键打开该文件，或执行以下命令：

gedit /usr/src/Linux-2.6.35.3/arch/x86/kernel/syscall_table_32.S

在文件最后添加一行，格式为“.long 函数名”，这里添加的是“.long sys_mycall”，序号为338，如下：

```
.long sys_rt_tgsigqueueinfo     /* 355 */
.long sys_perf_event_open
.long sys_recvmmsg
.long sys mycall                /* 338 */
```

并注意要记住函数的序号，添加的序号是在原有最大值的基础上+1。如这里，.long sys_rt_tgsigqueueinfo 的序号为 335，往下数，知道添加的“.long sys_mycall ”的序号为338。

5. 添加系统调用入口参数

修改文件 /usr/src/Linux-2.6.35.3/arch/x86/include/asm/unistd_32.h

管理员身份可以右键打开，或 gedit /usr/src/Linux-2.6.35.3/arch/x86/include/asm/unistd_32.h

在#define __NR_XXXX NNN 后添加一行，如下：

#define __NR_mycall 338

注意，上面的数字一定要与系统调用表的序号一致。

6. 编译内核

这一步是实验的重点，也是耗费时间最长的一部分，需要大家耐心。

首先进入下载内核的目录文件：

cd /usr/src/cd /usr/src/inux-2.6.35.3

（1）清除内核中不稳定的目标文件，附属文件及内核配置文件。

make mrproper

（2）清除以前生成的目标文件和其他文件。

make clean

（3）配置内核。

make oldconfig

采用默认的内核配置，出现选项，选择默认的选项：方括号内的首个字母或者直接回车。

（4）编译内核。

make bzImage

这个过程大约需要半个小时，运行时不能出现错误。

（5）编译模块。

make modules

大概需要两个小时左右。

（6）安装模块。

make modules_install

7. 复制内核

查看编译好的内核版本，打开/lib/modules，下面出现文件夹“2.6.35.3”，然后复制内核，并重命名为：vmlinuz-2.6.35.3-mykernel。

cp /usr/src/Linux-2.6.35.3/arch/i386/boot/bzImage /boot/vmlinuz-2.6.35.3-mykernel

8. 增加系统引导菜单项，配置启动文件

（1）创建 initrd 文件。

apt-get install bootcd-mkinitramfs

mkinitramfs -o /boot/initrd.img-2.6.35.3

（2）更新配置 GRUB 引导列表。

管理员用右键打开 /boot/grub/grub.cfg 或 gedit /boot/grub/grub.cfg，找到以下结构：

```
### BEGIN /etc/grub.d/10_Linux ###
menuentry  ' Ubuntu,with Linux 2.6.35-22-generic '   – class Ubuntu  – class gnu
class os{
      recordfail
      insmod part_msdos
      insmod ext2
      set root= ' (hd0,msdos1) '
}
……
```

```
menuentry  'Ubuntu,with Linux 2.6.35-22-generic '  –class Ubuntu  –class gnu
Linux  –clss gnu  –class os{
……
}
### END /etc/grub.d/10_Linux ###
```

复制一份这些结构，修改以下内容：

Linux   /boot/vmlinuz-2.6.35-22-generic

initrd   /boot/initrd.img-2.6.35-22-generic

改为自己的内核信息，如下：

Linux   /boot/vmlinuz-2.6.35.3-mykernel

initrd   /boot/initrd.img-2.6.35.3

检查这两个文件是否在/boot 下面，如果没有，看看上面的是否正确。

这些 menuentry 的顺序，有些系统启动引导时会直接进入第一个 menuentry，如果第一个 menuentry 不是你想进的内核，则需要在开机时按 Shift 进入 GRUB 引导菜单选择内核。

9. 排除异常

（1）备份 initrid。

```
cd /boot
cp initrd.img-2.6.35.3 initrd-2.6.35.3.old
```

（2）修改文件。

```
depmod -a
update-initramfs -k 2.6.35.3 -c
mv initrd.img-2.6.35.3.new.gz  initrd.img-2.6.35.3
cd /tmp
gzip -dc /boot/initrd.img-2.6.35.3| cpio -id
touch lib/modules/2.6.35.3/modules.dep
find ./ | cpio -H newc -o > /boot/initrd.img-2.6.35.3.new
gzip /boot/initrd.img-2.6.35.3.new
cd /boot
mv initrd.img-2.6.35.3.new.gz initrd.img-2.6.35.3
```

10. 重启并查看版本号

重启 ubuntu，查看版本号，如下：

```
uname -a
```

如果是 2.6.35.3 就说明成功了。

11. 编写测试程序

（1）编写文件 test.c。

```
#include<stdio.h>
int main()
```

```
{
int tmp = 1;
tmp = syscall(338,1);
printf( " \n " );
if(tmp == 1)
printf( " -------SUC------ " );
return 0;
}
```

（2）编译文件。

```
gcc text.c -o text
```

（3）运行文件。

```
./text
```

输出 ---------SUC-----

（4）显示函数的输出内容。

```
dmesg -c
```

输出 This is my frist system call，至此，整个实验完全成功了。

五、实验总结

（1）本实验所有命令的执行都要用户获得超级用户权限。

（2）要按步就班，不要着急，实验过程要细致，并且编译时间会很长，需要耐心。

（3）由于内核版本问题，在一些步骤上要有所变化，不要慌张，多看看文章获得解决方案。

实验二　向 Linux 内核增加一个系统调用

一、实验目的

学习 Linux 操作系统提供的系统调用接口，以及一个用户程序如何通过该接口与操作系统内核实现通信。

二、实验要求

（1）将一个新的系统调用加入内核中，扩展该操作系统的功能。

（2）编写一个简单的 C 语言程序，调用新增加的系统调用。

三、软件环境

（1）VMware Workstation v9.0.2。

（2）Red Hat Enterprise Linux 6.0。

（3）Linux-2.6.32.27。

四、实训准备

（1）虚拟机：VMware Workstation v9.0.2。

（2）Red Hat Enterprise Linux Server 6.0：rhel-server-6.0-i386-dvd.iso。

（3）Linux 内核：Linux-2.6.32.27.tar.gz。

五、实训过程

1. 安装软件及工具

（1）VMware Workstation 9 虚拟机安装与汉化详细图文教程。
http://www.xp510.com/article/4288.html

（2）VMware 安装 Red Hat Enterprise Linux 6 详细图文教程。
http://wuli03960405.blog.51cto.com/1470785/960184。

（3）VMware 中 Redhat 安装 VMware tools 详细图文教程。
http://www.server110.com/vmware/201308/891.html

2. 复制 Linux 内核

（1）打开 VMware 虚拟机，启动安装好的 Red Hat Enterprise Linux 6.0 系统，为了方便，直接使用 roots 超级用户登录。

（2）进入/usr/src 目录，由于已经安装了 VMware Tools，可以将已下载好的 Linux 内核 Linux-2.6.32.27.tar.gz，由 Windows 系统直接拖进虚拟机 Linux 系统的/usr/src 目录中。

（3）使用 tar －xzvf Linux-2.6.32.27.tar.gz 命令解压，得到/usr/src/ Linux-2.6.32.27。

3. 编辑内核文件

（1）vi /usr/src/Linux-2.6.32.27/kernel/sys.c 添加函数功能。

```
asmlinkage int sys_mycall(void)
{
printfk( " Add system call successfully!\n " );
return 0;
}
```

（2）vi /usr/src/Linux-2.6.32.27/arch/x86/kernel/syscall_table_32.S 添加系统调用号。

```
.long sys mycall     /* 337 */
```

（3）vi /usr/src/Linux-2.6.32.27/include/asm-generic/unistd.h 在系统调用表中添加相应表项。

```
#define __NR_mycall 1080
__SYSCALL(__NR_mycall,sys_mycall)
```

4. 编译内核

提示：编译之前，最好在虚拟机上创建一个快照，以备出错后恢复之用。

回到/usr/src/Linux-2.6.32.27 目录，依次执行如下命令。

（1）make menuconfig，出现图形界面，采用默认的内核配置即可，然后执行 exit、save。

（2）make 执行过程大概要 1 个小时左右。

（3）make modules_install。

（4）make bzImage，执行完会显示 “Kernel: arch/x86/boot/bzImage is ready”。

（5）make install。

5. 查看启动项中已加入新的内核启动项

vi /boot/grub/grub.conf

```
title Red Hat Enterprise Linux Server(2.6.32.27)
root(hdo,0)
        kernel /vmlinuz-2.6.32.27 ro root=UUID=f7779ca6-b841-4476-8ac5-f13d54e14a74
        rd NO_LUKS rd_NO_LVM rd_No_MD_MD LANG=en_US.UTF-8 SYSFONT=latarcyrheb-
sun16
KEYBOARDTYPE=pc KEYTABLE=us crashernel=auto rhgb quiet
      Initrd /initramfs -2.6.32.27.img
```

6. 重启，按“Esc”进入选择菜单，选择新添加的菜单启动系统

选择“Red Hat Enterprise Linus Server(2.6.32.27)”，回车进入系统。

7. 新建测试文件 demo.c

在/usr/src 目录下新建 test 目录，在 test 下添加测试程序 demo.c。

源码如下：

```
#include<sys/unistd.h>
#include<sys/syscall.h>
    int mian(){
syscall(337);
return 0;
}
```

8. 执行测试程序

输出：“Add system call successfully!”，实训成功。

六、总结

（1）本实训主要考查的知识点。

①Linux 系统的安装。

②Linux 中 vi、cd、ls、cp、mv、tar 等常用命令的使用。

③Linux 系统调用的工作原理。

④Linux 系统下开发 C 语言程序。

（2）本实训比较容易出错，而且修改、调试比较耗时，因此，是对细心、耐心的极大挑战和考验；出现问题要多查资料、多交流，从解决问题中获得知识和经验。

实验三 Ubuntu 14.04 TLS 内核升级和添加系统调用

1. 准备条件

（1）安装有 Ubuntu 14.04 TLS 的机器。

（2）下载最新的稳定版 Linux-3.16.3 内核源码，下载地址 http://www.kernel.org/。

（3）Root 权限。

2. 解压文件到/usr/src 文件夹中

如果从 U 盘复制过来，会出现权限问题。所以需要先复制到其他权限较低的文件夹中，然后在终端进入 root 权限进行移动。

①将内核 Linux-3.16.3.tar.xz，复制到/tmp 文件夹中。

②进入终端（Ctrl+Alt+T），输入指令：sudo su 。输入：whoami，查看是否获取了 root 权限。

③进入/tmp 文件夹，输入指令：cd /tmp。

④查看/tmp 文件夹中的文件，输入指令：ls。

⑤把内核 Linux-3.16.3.tar.xz 移动到/usr/src 文件夹，输入指令：mv Linux-3.16.3.tar.xz /usr/src/。

⑥进入/usr/src 文件夹，输入指令：cd /usr/src。

⑦查看/usr/src 文件夹中的文件，是否有 Linux-3.16.3.tar.xz，输入指令：ls。

⑧解压文件，输入指令：xz －d Linux-3.16.3.tar.xz，再输入指令：tar －xvf Linux-3.16.3.tar。

⑨查看/usr/src 文件夹中是否有 Linux-3.16.3，输入指令：ls。

3. 解压完成后，添加自定义系统调用

①进入/usr/src/Linux-3.16.3/kernel 文件夹，输入指令：cd usr/src/Linux-3.16.3/kernel。

②打开文件 sys.c，输入指令：gedit sys.c。

③添加系统调用函数，修改文件 sys.c。

```
/*
*new syscall added by me
*/
asmlinkage int sys_callmiantuan(int num)
{
  printk( " SA***********189,Miantuan!  " );
  return 1;
}
```

④进入/usr/src/Linux-3.16.3/arch/x86/syscalls 文件。

⑤输入指令：cd /usr/src/Linux-3.16.3/arch/x86/syscalls。

⑥打开文件 syscall_32.tbl，输入指令：gedit syscall_32.tbl。

⑦添加系统调用号，修改文件 syscall_32.tbl。

```
//add by maintuen
354   i386 callmiantuan        sys_callmiantuan
```

⑧进入/usr/src/Linux-3.16.3/include/Linux 文件夹，输入指令：cd /usr/src/Linux-3.16.3/include/Linux。

⑨添加声明于头文件，修改文件 syscalls.h。

```
//added by miantuan
Asmlinkage int sys_callmiantuan(int num)。
```

4. 解压完成，下面开始配置编译和安装

①进入/Linux-3.16.3 文件夹，清除残留的.config 和.o 文件，输入指令： cd /usr/src/Linux-3.16.3。

②输入指令：make mrproper。

③配置编译选项，安装 ncurses-5.9，下载地址 http://ftp.gnu.org/pub/gnu/ncurses。

④将终端处理库 ncurses-5.9.tar.gz，复制到/tmp 文件夹中。

⑤把终端处理库 ncurses-5.9.tar.gz 移动到/usr/src 文件夹中，输入指令：mv ncurses-5.9.tar.gz /usr/src/。

⑥进入/usr/src 文件夹，输入指令：cd /usr/src。

⑦查看/usr/src 文件夹中的文件，是否有 ncurses-5.9.tar.gz，输入指令：ls。

⑧解压文件，输入指令：tar zxvf ncurses-5.9.tar.gz。

⑨进入 ncurses-5.9 文件夹，输入指令：cd ncurses-5.9。

⑩依次执行下面指令。

```
./configure
make
su root
make install
```

⑪安装完 ncurses 后，再回到/usr/src/Linux-3.16.3 文件中执行命令，输入指令：cd /usr/src/Linux-3.16.3。

⑫根据菜单提示，选择编译配置选项，并保存为配置文件.config。

⑬看到这个界面，就暂时不要动，需要把以前的.config 文件复制过来加载。以前的文件在/usr/src/Linux-headers-3.13.0-24-generic 文件夹中。

⑭新建一个终端，获取 root 权限，输入指令： sudo su。

⑮进入 usr/src/Linux-headers-3.13.0-24-generic 文件夹下，输入指令：cd /usr/src/Linux-headers-3.13.0-24-generic。

⑯查看.config 文件，输入指令：ls –a。

⑰把.config 复制到/usr/src/Linux-3.16.3 文件夹下，输入指令：cp .config /usr/src/Linux-3.16.3。

⑱进入 usr/src/Linux-3.16.3 文件夹，输入指令：cd /usr/src/Linux-3.16.3。

⑲查看.config 是否存在，输入指令：ls –a。

⑳回到前面的配置界面，选择加载。

5. 确定依赖性

输入指令：make dep。

6. 清理编译中间文件

输入指令：make clean。

7. 生成新内核

①输入指令: make bzImage。

②生成 modules，输入指令：make modules。

③安装 modules，输入指令：make modules_install。

④建立要载入 ramdisk 的映像文件，输入指令：mkinitramfs -o /boot/initrd-Linux3.16.3.img。

⑤安装内核，输入指令：make install。

⑥grub 引导程序自动生成。

8. 重启

输入指令：reboot，重启系统，从 grub 菜单中选中新内核，引导 Linux。

9. 测试

测试代码，保存在/home/yon 文件夹中。

```
#include <unistd.h>
#include <stdio.h>
int main()
{
    printf("I am here\n");
    syscall(354,1);
    return 1;
}
```

10. 查看运行结果

①进入终端（按住 Ctrl+Alt+T 组合键），输入指令：sudo su，获取 root 权限。

②进入/home/yon 文件夹，输入指令：cd /home/yon。

③输入指令：gcc testSyscall.c -o testSyscalll。

④输入指令：./testSyscall。

⑤输入指令：sudo dmesg –c。

⑥结果如下。

```
tanzhiyong@tanzhiyong:~$ cd yon
```

```
tanzhiyong@tanzhiyong:~/yong$ gcc testSyscall.c  –o testSyscall
tanzhiyong@tanzhiyong:~/yong$./testSyscall
I am here
tanzhiyong@tanzhiyong:~/yon$ sudo dmesg  –c
[sudo] password for tanzhiyong:
[ 5592.315915] SA****189,Miantuan!
[ 5636.254219] SA****189.Miantuan!
tanzhiyong@tanzhiyong:~/yon$
```

第2章　进程管理

进程是正在运行的程序实体，并且包括这个运行的程序中占据的所有系统资源，比如 CPU（寄存器）、IO、内存、网络资源等。很多人在回答进程的概念时，往往只会说它是一个运行的实体，而忽略掉进程所占据的资源。同样一个程序，同一时刻被两次运行了，那么他们就是两个独立的进程。

进程运行时，多数情况下只包含一个控制线程，但大多数现代操作系统支持多线程进程。

操作系统负责进程和线程管理，包括用户进程与系统进程的创建与删除、进程调度，提供进程同步机制、进程通信机制与进程死锁处理机制。

本章目标：

- 掌握进程的不同特点，包括创建、调度和终止。
- 掌握进程间的通信。

2.1　进程

进程是 20 世纪 60 年代初首先由麻省理工学院的 MULTICS 系统和 IBM 公司的 CTSS/360 系统引入的。

进程是一个具有独立功能的程序关于某个数据集合的一次运行活动。它可以申请和拥有系统资源，是一个动态的概念，是一个活动的实体。它不只是程序的代码，还包括当前的活动，通过程序计数器的值和处理寄存器的内容来表示。

进程的概念主要有两点。

第一，进程是一个实体。每一个进程都有它自己的地址空间，一般情况下，包括文本区域（text region）、数据区域（data region）和堆栈（stack region）。文本区域存储处理器执行的代码，数据区域存储变量和进程执行期间使用的动态分配的内存，堆栈区域存储着活动过程调用的指令和本地变量。

第二，进程是一个“执行中的程序”。程序是一个没有生命的实体，只有处理器赋予程序生命时（操作系统执行之），它才能成为一个活动的实体，称其为进程。

进程是操作系统中最基本、重要的概念。是多道程序系统出现后，为了刻画系统内部出现的动态情况，描述系统内部各道程序的活动规律引进的一个概念，所有多道程序设计操作系统都是建立在进程的基础上的。

2.1.1　进程创建与终止

大多数系统内的进程能并发执行，它们可以动态创建和删除，因此，操作系统必须提供某种机制以创建和终止进程。本节实验探讨进程创建和删除的机制，并举例说明 Linux 系统和 Windows 系统的进程创建。

实验一　Linux 下进程的控制

一、实验目的及要求

（1）掌握进程的概念，了解进程的结构、状态，认识进程并发执行的实质。

（2）熟悉进程控制相关的命令。

（3）掌握进程的睡眠、同步、撤销等进程控制方法。

二、实验基础

1．Linux 进程

与传统的进程一致，Linux 进程也主要由 3 部分组成，即程序段、数据段和进程控制块。

程序段存放进程执行的指令代码，具有可读、可执行、不可修改属性，但允许系统中多个进程共享这一代码段，因此，程序与进程具有一对多的属性。

数据段是进程执行时直接操作的所有数据（包括变量在内），具有可读、可写、不可执行属性。

Linux 中每个进程 PCB 的具体实现，用一个名为 task_struct 的数据结构来表示，在 Linux 内核中有个默认大小为 512B 的全局数组 task，该数组的元素为指向 task_struct 结构的指针。在创建新进程时，Linux 将会在系统空间中分配一个 task_struct 结构，并将其首地址加入到 task 数组。当前正在运行的进程的 task_struct 结构，由一个 current 指针来指示。

2．所涉及的命令

（1）ps：查看用户空间的当前进程。

（2）top：实时的对系统处理器的状态监视。

（3）pstree -h：列出进程树，并高亮标出当前进程。

（4）vmstat：对系统的虚拟内存、进程、CPU 活动进行监视。

（5）strace：监视用户空间程序发出的全部系统调用。

（6）ltrace：解释并记录执行程序调用的动态链接库以及进程接收到的信号。

可用 ltrace　-f　-i　-S　./executable-file-name 查看指定程序的执行过程。

（7）sleep x：睡眠指定时间，x 为指定睡眠的秒数。

（8）kill [-9] PID ：结束或终止 process ID 进程。

（9）kill %n ：终止在 background 中的第 n 个 job。

（10）jobs：查看正在 background 中执行的 process。

3. 所涉及的系统调用

（1）进程的创建使用 fork 系统调用

其函数原型为：

```
#include <unistd.h>
#include <sys/types.h>
pid_t fork(void);
```

若 fork 调用成功，就会创建一个新的进程，新创建的进程称为子进程，调用 fork 的进程称为父进程。子进程复制了父进程的代码段、数据段、堆栈段等，因此，子进程是父进程的复制品。此后，父子进程就并发执行，都从 fork 调用之后的语句开始执行。

fork 调用返回的是 pid_t 类型的 pid 值，其中 pid_t 是个有符号的整型量，若调用成功，内核会将控制返回给父子进程，在父进程中返回的是新建子进程的进程识别号 pid，在子进程中返回 0 值，程序员可以据此来区分父子进程。若调用出错，则返回-1，表示创建子进程失败。

（2）获取进程的 PID

系统中当前存在的每个进程都有一个非负整数的唯一进程 ID，用来唯一地标识一个进程，称为 PID，系统内核函数可通过 PID 来引用 PCB。当然，在一个进程终止后，其 PID 还可用作其他进程的识别号。此外，每个进程还包括用户 ID（UID）和组 ID（GID），用来确定进程对系统中文件和设备的相关存取权限。

系统将进程的识别号 0 和 1 保留给了两个重要的进程：其中进程 ID 为 0 的进程是调度进程，又称为系统进程或交换进程（swapper），该进程是内核的一部分，按照一定的原则为进程分配处理机；进程 ID 为 1 的进程即为 init 进程，该进程是一个用户进程，是/sbin/init 程序的执行，该进程是所有其他用户进程的祖先，且系统中的所有孤儿进程都由其收养。

得到当前进程的 PID，函数原型： int getpid()

得到当前进程的父进程的 PID，函数原型： int getppid()

（3）system()：在程序中运行一个命令

程序中调用 system 函数时，用字符串参数传递一个 shell 命令，并执行。

函数原型： #include <stdio.h>

```
int system(char *string)
```

调用举例：system(“ps -af”);

（4）exec()和 fork()联合使用

系统调用 exec 和 fork()联合使用，能为程序开发提供有力支持。用 fork()建立子进程，然后在子进程中使用 exec()，这样就实现了父进程与一个与它完全不同子进程的并发执行。

一般，wait、exec 联合使用的模型如下：

```
int status;
    ............
if (fork()= =0)
  {
    ...........;
    execl(...);
    ...........;
  }
wait(&status);
```

（5）exit()

终止进程的执行。

系统调用格式：

```
void exit(status)
int status;
```

其中，status 是返回给父进程的一个整数，以备查考。

4. 进程的控制

进程因创建而存在，因执行完成或异常原因而终止。在进程的生命周期中，进程在内存中有三种基本状态，即就绪、执行、阻塞。进程状态的转换是通过进程控制原语来实现的。

Linux 操作系统提供了相应功能的系统调用及命令，以实现用户层的进程控制。

三、实验内容

（1）通过相关命令，对进程的状态进行控制。

（2）编写程序，使用 fork()创建一个子进程，使用相关的系统调用控制进程的状态，观察并分析多进程的执行次序和状态转换。

四、实验步骤

（1）参照参考程序编写程序，其中父进程无限循环，在后台执行该程序。

```
[root@localhost lab2]# vi fork_1.c
[root@localhost lab2]# gcc fork_1.c -o def
[root@localhost lab2]# ./def &
[1] 3620
def     fork_1.c
```

子进程用 exec()装入命令 ls 、exec()后，子进程的代码被 ls 的代码取代，这时子进程的 PC 指向 ls 的第 1 条语句，开始执行 ls 的命令代码。

如果是下面这种：

```
[root@localhost lab2]# ./def
```

则只有用^c 强行终止父进程，那么在第 2 步结果就不同了，父子进程都成为了僵死进程。

（2）显示当前终端上启动的所有进程。

```
[root@localhost lab2]# ps -af
UID        PID   PPID   C STIME TTY      TIME CMD
root       3620  3126   0 20:11 pts/1    00:00:00 ./def
root       3621  3620   0 20:11 pts/1    00:00:00 [ls <defunct>]
root       3623  3126   0 20:12 pts/1    00:00:00 ps -af
```

其中，"<defunct>"说明进程"ls"是一个僵死进程。父进程创建一个子进程后，可以用 wait()等待回收其子进程的资源，也可以正常终止后由系统回收其子进程的资源。"./def "就是"ls"的父进程。"./def "进程中，既没有等待回收其子进程的资源，也没有正常终止，因此造成"ls"成为一个僵死进程。

（3）用 kill 命令直接杀死该子进程，看看是否能够成功。

```
[root@localhost lab2]# kill -9 3621
[root@localhost lab2]# ps -af
```

为什么不能杀死？因为父进程还没结束。用 kill 命令杀死父进程之后呢？解释原因。

```
[root@localhost lab2]# kill -9 3620
[root@localhost lab2]# ps -af
```

（4）修改程序 fork_1.c，在父进程执行" while(1) "之前，添加代码"wait(0); "。在后台执行该程序，显示当前终端上启动的所有进程，解释原因。

（5）修改以上程序，在子进程执行" printf("Is son:\n"); "之前添加代码 "sleep(1); "。观察多进程的执行序列，解释原因。

五、参考程序

```
#include<stdio.h>
#include<unistd.h>
main()
{
        int pid;
        pid=fork();                          /*创建子进程*/
switch(pid)
{
    case  -1:                                /*创建失败*/
        printf("fork fail!\n");
        exit(1);
    case  0:                                 /*子进程*/
        printf( "Is son:\n" );
        execl("/bin/ls","ls","-1",NULL);
        printf("exec fail!\n");
```

```
            exit(1);
    default:                                   /*父进程*/
            printf("ls parent:\n");
            while(1)  sleep(1);
            exit(0);
    }
}
```

实验二　Windows 下进程的管理

一、实验目的及要求

（1）通过对 Windows 进行编程，以熟悉和了解系统。

（2）通过分析程序，以了解进程的创建、终止。

二、实验环境

（1）一台 Windows 操作系统的计算机。

（2）计算机装有 Microsoft Visual Studio 2012 环境。

三、实验基础

（1）Windows 消息循环。

（2）Windows 进程句柄的概念。

（3）Windows 有关进程操作的 API 函数使用。

- 调用 CreateProcess()：创建一个进程。
- 调用 ExitProcess()：终止一个进程。

四、实验内容

（1）利用 CreateProcess()函数创建一个子进程，并且装入画图程序(mspaint.exe)。

（2）确定运行进程的操作系统版本号。

（3）创建一个子进程，然后命令它发出“自杀弹”互斥体去终止自身的运行。

五、实验步骤

（1）利用 CreateProcess()函数创建一个子进程，并且装入画图程序(mspaint.exe)。阅读该程序,完成实验任务。

源程序如下：

```
#include <windows.h >
int _tmain(int argc, _TCHAR* argv[])
{
        STARTUPINFO si;
        PROCESS_INFORMATION pi;
        ZeroMemory(&si,sizeof(si));            /*分配内存*/
        si.cb=sizeof(si);
```

```
        ZeroMemory(&pi,sizeof(pi));
        if(!CreateProcess(_T("C:\\Windows\\System32\\mspaint.exe"),/*指定可执行模块的字符串*/
    NULL, /*指定要执行的命令行*/
         NULL,/*指向一个 SECURITY_ATTRIBUTES 结构体*/
         NULL,/*线程是否被继承*/
         FALSE,/*新进程是否从调用进程处继承了句柄*/
         0,/*控制优先类和进程的创建的标志*/
         NULL, /*使用本进程的环境变量*/
         NULL,/*使用本进程的驱动器和目录*/
         &si,/*STARTUPINFO 结构体*/
    &pi))/*接收新进程的识别信息的 PROCESS_INFORMATION 结构体*/
        {
    fprintf(stderr,"Creat Process Failed");   /*输出信息*/
   return -1;
        }
        WaitForSingleObject(pi.hProcess,INFINITE); /*等待进程结束*/
        printf("child Complete");
        CloseHandle(pi.hProcess);
        CloseHandle(pi.hThread);
        return 0;}
```

（2）确定运行进程的操作系统版本号。

利用进程信息查询 API 函数 GetProcessVersion()与 GetVersionEx()的共同作用。

```
#include "iostream"
#include <windows.h >
using namespace std;
int _tmain(int argc, _TCHAR* argv[])
{
        //提取这个进程的 ID 号
        DWORD dwIdThis=::GetCurrentProcessId();
        //获得这一进程和报告所需的版本，也可以发送 0 以便指明这一进程
        DWORD dwVerReq=::GetProcessVersion(dwIdThis);
        WORD wMajorReq=(WORD)dwVerReq>16;
        WORD wMinorReq=(WORD)(dwVerReq & 0xffff);
        std::cout<<"ProcessID:"<<dwIdThis<<",requiresOS:"<<wMajorReq<<wMinorReq<<std::endl;
        //设置版本信息的数据结构，以便保存操作系统的版本信息
        OSVERSIONINFOEX osvix;
        ::ZeroMemory(&osvix,sizeof(osvix));
        osvix.dwOSVersionInfoSize=sizeof(osvix);
        //提取版本信息和报告
        if(!GetVersionEx((OSVERSIONINFO *)&osvix))
```

```
        {
            cout<<"Get Version Fail"<<endl;
        }
        cout<<"Running on OS:"<<osvix.dwMajorVersion<<"."
            <<osvix.dwMinorVersion<<std::endl;
        return 0;
}
```

（3）创建一个子进程，然后命令它发出“自杀弹”互斥体去终止自身的运行。

```
#include "iostream"
#include <windows.h >
using namespace std;
static LPCTSTR g_szMutexName=_T("w2kdg.ProcTerm.mutex.Suicide");
//创建当前进程的克隆进程的简单方法
void StartClone()
{   //提取当前可执行文件的文件名
    TCHAR szFilename[MAX_PATH];
    GetModuleFileName(NULL,szFilename,MAX_PATH);
//格式化用于子进程的命令行，指明它是一个 EXE 文件和子进程
TCHAR szCmdLine[MAX_PATH];
sprintf_s(szCmdLine,MAX_PATH,_T("\"%s\"child"),szFilename);
//子进程的启动信息结构
STARTUPINFO si;
::ZeroMemory((void * )(&si),sizeof(si));
si.cb=sizeof(si);                    //应当是此结构的大小
//返回的用于子进程的进程信息
PROCESS_INFORMATION pi;
//用同样的可执行文件名和命令行创建进程，并指明它是一个子进程
BOOL bCreateOK = CreateProcess(
        szFilename,                      //产生的应用程序名称（本 EXE 文件）
        szCmdLine,                       //告诉人们这是一个子进程的标志
        NULL,                            //用于进程的默认的安全性
        NULL,                        //用于线程的默认安全性
        FALSE,                           //不继承句柄
        NULL,     //创建新窗口，使输出更直观
        NULL,                            //新环境
        NULL,                            //当前目录
        &si,                             //启动信息结构
        &pi);                            //返回的进程的信息
//释放指向子进程的引用
```

```
if(bCreateOK)   {
        CloseHandle(pi.hProcess);
        CloseHandle(pi.hThread);
       }
}

void Parent()
{
     //创建“自杀"互斥程序体
     HANDLE hMutexSuicide = ::CreateMutex(
     NULL,                               //默认的安全性
     TRUE,                               //最初拥有的
     g_szMutexName);                 //为其命名
if(hMutexSuicide !=NULL)
     {
     //创建子进程
     cout<<"Creating the child process."<<endl;
StartClone();
//暂停
Sleep(5000);
//指令子进程“杀"掉自身
cout<<"Telling the child process to quit."<<endl;
ReleaseMutex(hMutexSuicide);
//消除句柄
CloseHandle(hMutexSuicide);}
}
void Child()
{
     //打开“自杀"互斥体
     HANDLE hMutexSuicide=OpenMutex(
     SYNCHRONIZE,                //打开用于同步
     FALSE,                          //不需要向下传递
     g_szMutexName);                 //名称
if ( hMutexSuicide !=NULL)       {
     //报告正在等待指令
     cout<<"Child waiting for suicide instructions."<<endl;
     WaitForSingleObject(hMutexSuicide,INFINITE);
     //报告准备好终止，消除句柄
     cout<<"Child quiting."<<endl;
```

```
        CloseHandle(hMutexSuicide);
         Sleep(1000);
    }
}

int _tmain(int argc, _TCHAR* argv[])
{
        //决定其行为是父进程还是子进程
        if(argc>1 && strcmp(argv[1],"child")==0)
        {   Child();}
        else   { Parent(); }
        return 0;
}
```

分析：说明了一个进程从“生”到“死”的整个一生，第一次执行时，它创建一个子进程，其行为如同“父亲”。在创建子进程之前，先创建一个互斥的内核对象，其行为对于子进程来说，如同一个“自杀弹”。当创建子进程时，就打开了互斥体并在其他线程中进行别的处理工作，同时等待着父进程使用 ReleaseMutexAPI 发出“死亡”信号。然后，用 Sleep 调用来模拟父进程处理其他工作，等完成时，指令子进程终止。

当调用 ExitProcess 时要小心，进程中的所有线程都被立刻通知停止。在设计应用程序时，必须让主线程在正常的 C++运行期关闭（这是由编译器提供默认行为的）之后来调用这一函数。当它转向受信状态时，通常可创建一个每个活动线程都可等待和停止的终止事件。

在正常的终止操作中，进程的每个工作线程都要终止，由主线程序员调用 ExitProcess。接着，管理层对进程增加的所有对象释放引用，并将用 GetExitChodeProcess 建立的退出代码从 STILL　ACTIVE 改变为 ExitProcess 调用中返回的值。最后，主线程对象也如同进程对象一样转变为受信状态。

等到所有打开的句柄都关闭之后，管理层的对象管理器才销毁进程对象本身。还没有一种函数可取得终止后的进程对象为其参数，从而使其“复活”。当进程对象引用一个终止了的对象时，有好几个 API 函数仍然是有用的。进程可使用退出代码将终止方式通知给调用 GetExitCodeProcess 的其他进程。同时，GetProcessTimesAPI 函数可向主调用者显示进程的终止时间。

2.1.2　进程调度

无论是在批处理系统还是分时系统中，用户进程数一般都多于处理机数，这将导致它们互相争夺处理机。另外，系统进程也同样需要使用处理机。这就要求进程调度程序按一定的策略，动态地把处理机分配给处于就绪队列中的某一个进程，以使之执行。

进程调度选择一个可用的进程（可能从多个可用进程集合中选择）到 CPU 上执行。它是操作系统设计的中心问题之一。

进程调度算法有先进先出、短进程优先、简单轮转法、多级队列法和多级反馈队列等。

- 先进先出：算法总是把处理机分配给最先进入就绪队列的进程，一个进程一旦分得处理机，便一直执行下去，直到该进程完成或阻塞时，才释放处理机。容易引起作业用户不满，常作为一种辅助调度算法。
- 短进程优先：该算法从就绪队列中选出下一个“CPU 执行期最短”的进程，为之分配处理机。该算法虽可获得较好的调度性能，但难以准确地知道下一个 CPU 执行期，而只能根据每一个进程的执行历史来预测。
- 简单轮转法：系统将所有就绪进程按 FIFO 规则排队，按一定的时间间隔把处理机分配给队列中的进程。这样，就绪队列中所有进程均可获得一个时间片的处理机而运行。
- 多级队列法：将系统中所有进程分成若干类，每类为一级。
- 多级反馈队列：在系统中设置多个就绪队列，并赋予各队列以不同的优先权。

实验一　设计 PCB 表结构

一、实验目的及要求

进程调度是处理机管理的核心内容，本实验要求用 C 语言编写和调试一个简单的进程调度程序，通过本实验可以加深理解有关进程控制块、进程队列的概念，并体会和了解 FIFO 调度算法的具体实现方法。

二、实验环境

（1）一台 Windows 操作系统的计算机。

（2）计算机装有 Microsoft Visual Studio 2012 环境。

三、实验内容

（1）设计进程控制块 PCB 表结构。

（2）编制 FIFO 进程调度算法。

四、实验代码

```
#include "iostream"
#include <windows.h >
using namespace std;
/*********************************************************
*                        PCB 表结构                        *
*********************************************************/
typedef struct node
{
```

```
        char name;                  //进程名字
        int status;                 //进程数据
        int precendence;            //进程优先级
        int ax,bx,cx,dx;            //寄存器
        int pc;
        int psw;                    //程序状态
        struct node *next;  //指向下个进程的指针
}pcb;

/********************************************************
*                        函数声明                       *
********************************************************/
pcb *CreateProcess(pcb *head,int n);
void ProcessFiFo(pcb *head);

/********************************************************
*                        创建进程                       *
********************************************************/
pcb *CreateProcess(pcb *head,int n)
{
        pcb *p,*q;
        head = (pcb *)malloc(sizeof(pcb));
        head->next = NULL;
        p = head;

        for(int i = 0;i < n;i++)
        {
                q = (pcb *)malloc(sizeof(pcb));
                cout<<"请输入第"<<i+1<<"个进程名字：";
                cin>>q->name;
                cout<<"输入进程相关数据：";
                cin>>q->status;
                fflush(stdin);
                q->next = p->next;
                p->next = q;
                p = q;
        }
        return head;
}
```

```
/**********************************************************
*                       FIFO 调度算法                      *
**********************************************************/
void ProcessFiFo(pcb *head) /*use fifo */
{
        pcb *p;
        p = head->next;
        cout<<"进程运行顺序：";
        while(p)
        {
                cout<<p->name;
                p = p->next;
        }
        printf("\n");
}

/**********************************************************
*                     确定输入的进程数                      *
**********************************************************/
int _tmain(int argc, _TCHAR* argv[])
{
        pcb *head=nullptr;
        int n;
        cout<<"请输入需创建进程个数：";
        cin>>n;
        head = CreateProcess(head,n);
        ProcessFiFo(head);
        return 0;
}
```

分析：这段程序设计出 PCB 表结构，通过模拟进程的队列，输出 FIFO 算法的输出结果。在本次实验中通过对有关进程控制块、进程队列概念的了解，在实践中学会简单的操作，但还有些问题有待改进。

实验二 进程调度算法

一、实验目的及要求

多道程序设计中，经常是若干个进程同时处于就绪状态，必须依照某种策略来决定那个进程优先占有处理机，因而引起进程调度。本实验模拟在单处理机情况下的处理机调度问题，加深对进程调度的理解。

二、实验环境

（1）一台 Windows 操作系统的计算机。

（2）计算机装有 Microsoft Visual Studio 2012 环境。

三、实验内容

利用程序设计语言编写算法，模拟实现先到先服务算法 FIFO、轮转调度算法 RR、最短作业优先算法 SJF、优先级调度算法 PRIOR。

四、实验代码

1. 进程信息类

```
class Process
{
public:
        string ProcessName;   // 进程名字
        int Time;   //   进程需要时间
        int leval; //   进程优先级
        int LeftTime; // 进程运行一段时间后还需要的时间
};
```

2. 函数声明

```
void Sort( Process   pr[], int size) ;                          // 此排序后按优先级从大到小排列
void sort1(Process   pr[], int size) ;                          //  此排序后按需要的 CPU 时间从小到大排列
void FIFO( Process pr[], int num, int Timepice);                // 先来先服务算法
void TimeTurn( Process process[], int num, int Timepice);      // 时间片轮转算法
void Priority( Process process[], int num, int Timepice);      // 优先级算法
```

3. 先来先服务算法的实现

```
void FIFO( Process process[], int num, int Timepice)
{  //process[] 是输入的进程，num 是进程的数目，Timepice 是时间片大小
        while(true)
        {
              if(num==0)
```

```
            {   cout<<" 所有进程都已经执行完毕!"<<endl;
                exit(1);
            }
            if(process[0].LeftTime==0)
            {   cout<<" 进程"<<process[0].ProcessName<< " 已经执行完毕!"<<endl;
                for (int i=0;i<num;i++)
                    process[i]=process[i+1];
                num--;
            }
            else if(process[num-1].LeftTime==0)
            {   cout<<" 进程"<<process[num-1].ProcessName<< " 已经执行完毕!"<<endl;
                num--;
            }
            else
            {   cout<<endl;  //输出正在运行的进程……        }
            cout<<endl;
            system(" pause");
            cout<<endl;
        } // while
}
```

4. 时间片轮转调度算法实现

```
void TimeTurn( Process process[], int num, int Timepice)
{   while(true)
    {   if(num==0)
            {   cout<<" 所有进程都已经执行完毕!"<<endl;
                exit(1);
            }
            if(process[0].LeftTime==0)
            {   cout<<" 进程"<<process[0].ProcessName<< " 已经执行完毕!"<<endl;
                for (int i=0;i<num;i++)
                    process[i]=process[i+1];
                num--;
            }
            if( process[num-1].LeftTime ==0 )
            {   cout<<" 进程" << process[num-1].ProcessName <<" 已经执行完毕! "<<endl;
                num--;
            }
            else if(process[0].LeftTime > 0)
            {   cout<<endl;  //输出正在运行的进程……        }
```

```
                Process temp;
                temp = process[0];
                for( int j=0;j<num;j++)
                    process[j] = process[j+1];
                process[num-1] = temp;
            } // else
            cout<<endl;
            system(" pause");
            cout<<endl;
        } // while
}
```

5. 优先级调度算法的实现

该算法先按进程优先级从小到大排序后，再调用时间片轮转算法。

```
/* 以进程优先级高低排序*/
void Sort( Process    pr[], int size)
{//   直接插入排序
        for( int i=1;i<size;i++)
        {     Process temp;
              temp = pr[i];
              int j=i;
              while(j>0 && temp.leval<pr[j-1].leval)
              {      pr[j] = pr[j-1];
                     j--;
              }
              pr[j] = temp;
        } // 直接插入排序后进程按优先级从小到大排列
        for( int d=size-1;d>size/2;d--)
        {     Process temp;
              temp=pr [d];
              pr [d] = pr [size-d-1];
              pr [size-d-1]=temp;
        }   // 此排序后按优先级从大到小排列
}
/* 优先级调度算法*/
void Priority( Process process[], int num, int Timepice)
{
        while( true)
        {     if(num==0)
              {      cout<< "所有进程都已经执行完毕!"<<endl;
```

```
                exit(1);
            }
            if(process[0].LeftTime==0)
            {   cout<<" 进程" << process[0].ProcessName <<"  已经执行完毕! "<<endl;
                for( int m=0;m<num;m++)
                    process[m] = process[m+1]; //一个进程执行完毕后从数组中删除
                num--; // 此时进程数目减少一个
            }
            if( num!=1 && process[num-1].LeftTime ==0 )
            {     cout<<" 进程" << process[num-1].ProcessName <<"  已经执行完毕! "<<endl;
                num--;
            }
            if(process[0].LeftTime > 0)
            {     cout<<endl;   //输出正在运行的进程/……          }
            Sort(process, num);
            cout<<endl;
            system(" pause");
            cout<<endl;
        } // while
}
```

6. 最短时间优先算法的实现

该算法先按进程时间从小到大排序后，再调用 FIFO 算法。

```
/* 以进程时间从低到高排序*/
void sort1 ( Process   pr[], int size)
{//   直接插入排序
        for( int i=1;i<size;i++)
        {
            Process temp;
            temp = pr[i];
            int j=i;
            while(j>0 && temp.Time < pr[j-1].Time )
            {
                pr[j] = pr[j-1];
                j--;
            }
            pr[j] = temp;
        }
}
```

7. 主函数

```
int _tmain(int argc, _TCHAR* argv[])
{       int a;
        cout<<"  选择调度算法："<<endl;
        cout<<"  1: FIFO   2: 时间片轮换  3: 优先级调度  4: 最短时间优先  "<<endl;
        cin>>a;
        const int Size =30;
        Process     process[Size] ;
        int num;
        int TimePice;
        cout<<" 输入进程个数:"<<endl;
        cin>>num;
        cout<<" 输入此进程时间片大小: "<<endl;
        cin>>TimePice;
        for( int i=0; i< num; i++)
        {       string name;      int CpuTime;      int Leval;
                cout<<" 输入第"<< i+1<<" 个进程的名字、CPU 时间和优先级:"<<endl;
                cin>>name;
                cin>> CpuTime>>Leval;
                process[i].ProcessName =name;
                process[i].Time =CpuTime;
                process[i].leval =Leval;
                cout<<endl;
        }
        for ( int k=0;k<num;k++)
                process[k].LeftTime=process[k].Time ;//对进程剩余时间初始化
        cout<<" ( 说明: 在本程序所列进程信息中，优先级一项是指进程运行后的优先级!! )";
        cout<<endl;     cout<<endl;
        cout<<"进程名字"<<"占用 CPU 时间 "<<" 还需要占用时间 "<<" 优先级"<<" 状态"<<endl;
        if(a==1)          FIFO(process,num,TimePice);
        else if(a==2) TimeTurn(   process,     num,     TimePice);
        else if(a==3)
        {       Sort( process, num);
                Priority(     process ,    num,    TimePice);
        }
        else{
                sort1(process,num);
                FIFO(process,num,TimePice);
        }
```

```
    return 0;
}
```

分析：程序运行时，选择一个调度算法。输入进程的个数和进程时间片的大小，再分别输入进程的名称、CPU 时间和优先级信息，查看比较输出信息。

例如：选择调度算法序号：1

输入进程个数：3

进程时间片大小：10

第 1 个进程的名称、CPU 时间和优先级：P1 10 1

第 2 个进程的名称、CPU 时间和优先级：P2 10 2

第 3 个进程的名称、CPU 时间和优先级：P3 10 3

输出：

进程名字	共需占用 CPU 时间	还需要占用时间	优先级	状态
P1	10	0	0	运行
P2	10	10	2	等待
P3	10	10	3	

2.1.3 进程间通信

进程间通信（IPC）就是在不同进程之间传播或交换信息。进程间通信有两种基本模式，即共享内存和消息传递。在共享内存模式中，建立一块供协作进程共享的内存区域，进程通过向此共享区域读出或写入数据来交换信息。在消息传递模式中，通过在协作进程间交换消息来实现通信。如图 2-1 所示，给出了这两种模式的对比。

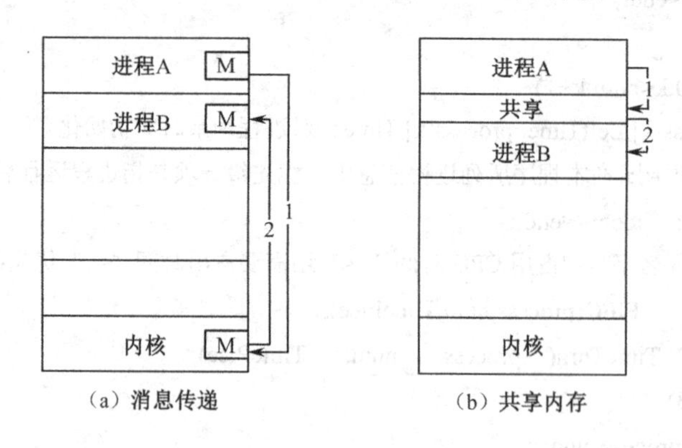

图 2-1　内存共享模式

上述两种模式在操作系统中都很常用，一般情况下消息传递对于交换少数量的数据很有用，因为不需要避免冲突，而且也容易实现。共享内存允许以最快的速度进行方便地通信，在计算机中它可以达到内存的速度。共享内存比消息传递快，因为其仅在建立共享内存区域时需要系统调用，一旦建立了共享内存，所有的访问都被处理为常规的内存访问，不需要来自内核的帮助，而消息传递系统通常用系统调用来实现，需要更多内核介入的时间消耗。

实验一　消息传递

一、实验目的及要求

（1）深入掌握 Socket 的概念原理和实现方法。

（2）编写程序实现。

（3）进程之间的通信。客户端和服务器端，客户端将显示服务器端发来的消息。

二、实验环境

Red Hat Enterprise Linux 6.0 , gcc 编译。

三、实验内容

（1）服务端：创建一个消息队列，并获取键盘输入内容，然后写入到消息队列中。

（2）客户端 ：打开 server.c 创建的消息队列，读取消息队列中内容，然后显示到屏幕上。

四、关键代码

1. 服务端（server.c）

```
#include <sys/types.h>
#include <sys/ipc.h>
#include <sys/msg.h>
#include <stdio.h>
#include <stdlib.h>
#include <unistd.h>
#include <string.h>
#define    BUFFER_SIZE     512
struct message
{
    long msg_type;
    char msg_text[BUFFER_SIZE];
};

int main()
{
    int qid;
    key_t    key;
    struct message    msg;
```

```
        /*根据不同的路径和关键字产生标准的key*/
        if((key = ftok(".", 512)) == -1)
        {
            perror("ftok");
            exit(1);
    }

        /*创建消息队列*/
        if((qid = msgget(key, IPC_CREAT|0666)) == -1)
        {
            perror("msgget");
            exit(1);
        }
        printf("Open queue %d\n", qid);

        while(1)
        {
            printf("input some message to the queue:");
            if((fgets(msg.msg_text, BUFFER_SIZE, stdin)) == NULL)
            {    puts("no message");
                 exit(1);
            }
            msg.msg_type = getpid();
            /*添加消息到消息队列中*/
            if((msgsnd(qid, &msg, strlen(msg.msg_text), 0)) <0)
            {    perror("message posted");
                 exit(1);
            }
            if(strncmp(msg.msg_text, "quit", 4) == 0)
            {        break;          }
        }
        exit(0);
    }
```

2. 客服端（client.c）

```
#define BUFFER_SIZE     512
struct message
{
    long msg_tpye;
    char msg_text[BUFFER_SIZE];
```

```
};
int main()
{
    int qid;
    key_t   key;
    struct message   msg;
    /*根据不同的路径和关键字产生标准的 key*/
    if((key = ftok(".", 512)) == -1)
    {   perror("ftok");
        exit(1);
    }
    if((qid = msgget(key, IPC_CREAT|0666)) <0)
    {   perror("msgget");
        exit(1);
    }
    printf("Open queue %d\n", qid);
    do
    {   memset(msg.msg_text, 0, BUFFER_SIZE);
        if((msgrcv(qid, (void*)&msg, BUFFER_SIZE, 0, 0)) <0)
        {
            perror("msgrcv");
            exit(1);
        }
        printf("The message form process %d: %s", msg.msg_tpye, msg.msg_text);
    }while(strncmp(msg.msg_text, "quit", 4));

    if((msgctl(qid, IPC_RMID, NULL)) <0)
    {
        perror("msgctl");
        exit(1);
    }
    exit(0);
}
```

实验二　共享内存（Windows 程序）

一、实验目的及要求

（1）掌握进程之间的通信原理。

（2）编写一个简单通信的案例。

二、实验环境

Microsoft Visual Studio 2012 环境，MFC 编写。

三、实验内容

（1）创建两个 MFC 程序，一个主要用来发送信息，另一个用来接收信息并回复。

（2）用 WM_COPYDATA 消息来实现两个进程之间传递数据。

四、算法描述

在 Windows 程序中，各个进程之间常常需要交换数据，进行数据通信。本次实验使用的是内存映射文件。

①通过共享内存 DLL 共享内存。

②使用 SendMessage 向另一进程发送 WM_COPYDATA 消息。

WM_COPYDATA 消息的主要目的是允许在进程间传递只读数据。Windows 在通过 WM_COPYDATA 传递消息期间，不提供继承同步方式。SDK 文档推荐用户使用 SendMessage 函数，接受方在数据复制完成前不返回，这样发送方就不可能删除和修改数据。

```
SendMessage(hwnd,WM_COPYDATA,wParam,lParam);
```

其中，WM_COPYDATA 对应的十六进制数为 0x004A；

wParam 设置为包含数据的窗口的句柄；

lParam 指向一个 COPYDATASTRUCT 的结构，即：

```
typedef struct COPYDATASTRUCT{
    DWORD dwData;           //用户定义数据
    DWORD cbData;           //数据大小
    PVOID lpData;           //指向数据的指针
}COPYDATASTRUCT;
```

该结构用来定义用户数据。

五、实验步骤

（1）发送方用 FindWindow 找到接受方的句柄,然后向接受方发送 WM_COPYDATA 消息。

（2）接受方在 OnCopyData 事件中处理这条消息。

注意：①知道接收消息进程的句柄。②接收消息进程重载了 WM_COPYDATA 消息映射。

（3）接收端重载 ON_WM_COPYDATA 消息映射函数。

六、调试过程及实验结果

（1）输入要发送的信息和自动回复的内容，如图 2-2 所示。

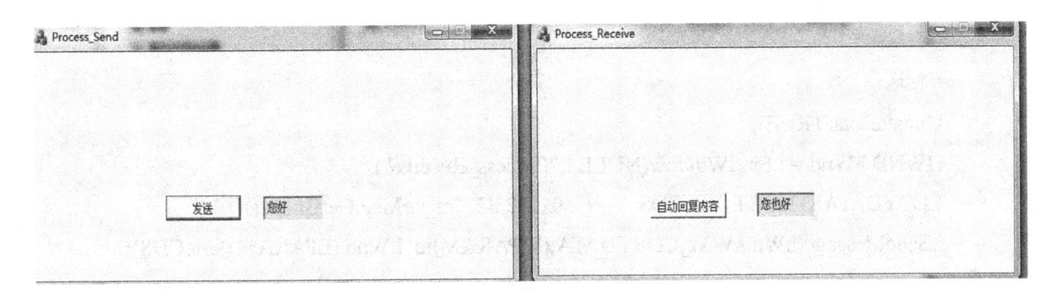

图2-2　信息发送和自动回复

（2）单击发送，查看第二个进程收到的信息，如图2-3所示。

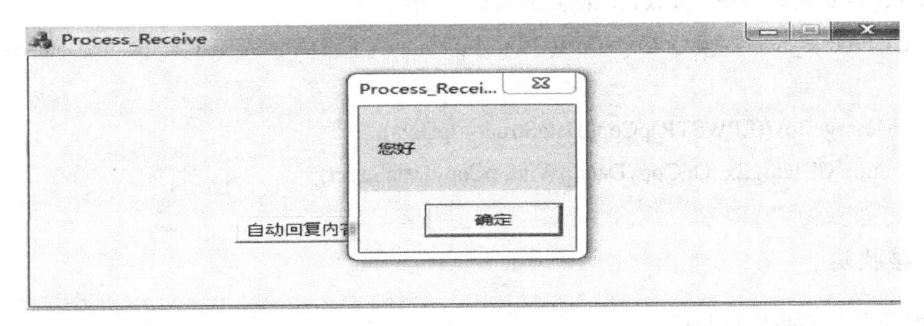

图2-3　进程收到信息

（3）单击确定按钮，发送进程显示第二个进程自动回复的信息，如图2-4所示。

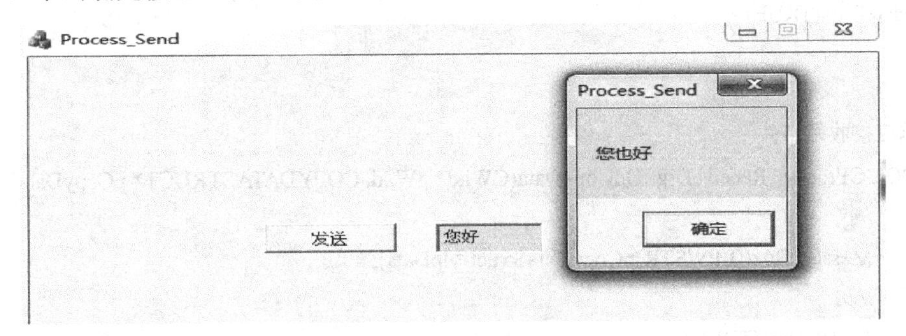

图2-4　进程自动回复的信息

七、总结

本例子分别用WM_COPYDATA实现了两种数据类型的发送，实现了两个进程之间的简单通信。在实验过程中，遇到了很多的困难，要学会擅长运用网络和馆藏书本的资源，多学习多动手调试，最终会得出自己满意的结果。

八、主要实验程序代码

1. 发送端

```
//单击事件
void CProcess_SendDlg::OnBnClickedSend()
```

```
{
        //发送
        UpdateData(TRUE);
        HWND hWnd = ::FindWindow(NULL,L"Process_Receive");
        COPYDATASTRUCT    stcCDS    = {   0x123,32,  m_strMsg.GetBuffer() };
        ::SendMessage(hWnd,WM_COPYDATA,(WPARAM)m_hWnd,(LPARAM)&stcCDS);
}


//OnCopyData 消息事件，接收自动回复的消息
BOOL CProcess_SendDlg::OnCopyData(CWnd* pWnd, COPYDATASTRUCT* pCopyDataStruct)
{
        MessageBox((LPWSTR)pCopyDataStruct->lpData);
        return CDialogEx::OnCopyData(pWnd, pCopyDataStruct);
}
```

2. 接收端

```
//获取文本框自动回复的消息
void CProcess_ReceiveDlg::OnBnClickedButton1()
{
UpdateData(TRUE);
}

//响应接收端事件
BOOL CProcess_ReceiveDlg::OnCopyData(CWnd* pWnd, COPYDATASTRUCT* pCopyDataStruct)
{       //收
        MessageBox((LPWSTR)pCopyDataStruct->lpData);
        //发
        UpdateData(TRUE);
        COPYDATASTRUCT    stcCDS    = {   0x123,32,  m_strMsg.GetBuffer()};
                ::SendMessage(*pWnd,WM_COPYDATA,    (WPARAM)m_hWnd,(LPARAM)&stcCDS
        );
        return CDialogEx::OnCopyData(pWnd, pCopyDataStruct);
}
```

实验三　共享内存（Linux 程序）

一、实验目的及要求

（1）了解 Ubuntu 环境下 Vi 命令的使用。

（2）掌握进程之间通信时共享内存的原理。

（3）Linux 的内核支持多种共享内存方式。

①mmap()系统调用。

②系统 V 共享内存，分析 mmap()系统调用用于共享内存的两种方式的原理和系统 V 共享内存的原理。

（4）分别编写简单利用共享内存通信的案例。

①适用于任何进程的使用普通文件提供的内存映射。

②适用于具有亲缘关系的使用特殊文件提供匿名内存映射。

③系统 V 共享内存方式，对比分析系统 V 共享内存机制与 mmap()映射普通文件实现共享内存之间的差异。

二、实验环境

Ubuntu 2014 环境，C 语言编写。

三、实验内容

（1）mmap()系统调用下，两个进程通过映射普通文件实现共享内存通信。

开启两个终端，创建两个子程序，编译两个程序，两个程序通过命令行参数指定同一个文件来实现共享内存方式的进程间通信，其中一个执行写操作，另一个执行读操作。

（2）mmap()系统调用下，父子进程通过匿名映射实现共享内存。

（3）系统 V 共享内存下的多进程通信。创建两个程序，write.c 向共享内存中写入消息及 read.c 从共享内存中读消息。

四、算法描述及实验步骤

1. mmap()系统调用

mmap()系统调用使得进程之间通过映射与一个普通文件实现共享内存。普通文件被映射到进程地址空间后，进程可以像访问普通内存一样对文件进行访问，不必再调用 read()、write()等操作。

void* mmap (void * addr , size_t len , int prot , int flags , int fd , off_t offset)

参数 fd 为即将映射到进程空间的文件描述字，一般由 open()返回，同时，fd 可以指定为-1，此时须指定 flags 参数中的 MAP_ANON，表明进行的是匿名映射。len 是映射到调用进程地址空间的字节数，它从被映射文件开头 offset 个字节开始算起。prot 参数指定共享内存的访问权限。可取如下几个值：PROT_READ（可读）、PROT_WRITE（可写）、PROT_EXEC （可执行）、PROT_NONE（不可访问）。flags 由以下几个常值指定：MAP_SHARED、MAP_PRIVATE、MAP_FIXED，其中，MAP_SHARED、MAP_PRIVATE 必选其一，而 MAP_FIXED 则不推荐使用。offset 参数一般设为 0，表示从文件头开始映射。参数 addr 指定文件应被映射到进程空间的起始地址，一般被指定一个空指针，此时选择起始地址的任务留给内核来完成。函数的返回值为最后文件映射到进程空间的地址，进程可直接操作起始地址为该值的有效地址。

（1）两个进程通过映射普通文件实现共享内存通信

①开启两个终端，分别创建两个子程序，map_normalfile1.c 及 map_normalfile2.c。map_normalfile1 进行写操作，map_normalfile2 执行读操作。

其中 map_normalfile1.c 首先定义了一个 people 数据结构（在这里采用数据结构的方式是因为，共享内存区的数据往往是有固定格式的，这由通信的各个进程决定，采用结构的方式有普遍代表性）。map_normfile1 首先打开或创建一个文件，并把文件的长度设置为 5 个 people 结构大小。然后，从 mmap()的返回地址开始，设置了 10 个 people 结构。之后，进程睡眠 10 秒钟，等待其他进程映射同一个文件，最后解除映射。map_normfile2.c 只是简单地映射一个文件，并以 people 数据结构的格式从 mmap()返回的地址处读取 10 个 people 结构，并输出读取的值，而后解除映射。

②分别在两个终端上创建一个空文件 we.txt。

③编译两个程序，可执行文件分别为 map_normalfile1 及 map_normalfile2。两个程序通过命令行参数指定同一个文件来实现共享内存方式的进程间通信。

在一个终端上先运行./map_normalfile1 we.txt，程序输出结果如下：

```
name: b   age 20;
name: c   age 21;
name: d   age 22;
name: e   age 23;
name: f   age 24;
name: g   age 25;
name: h   age 26;
name: i   age 27;
name: j   age 28;
name: k   age 29;
```

④在 map_normalfile1 输出 initialize over 之后，输出 umap ok 之前，在另一个终端上运行./map_normalfile2 ，将会产生另一种输出结果。

如下：

```
name: b   age 20;
name: c   age 21;
name: d   age 22;
name: e   age 23;
name: f   age 24;
name:     age  0;
name:     age  0;
name:     age  0;
name:     age  0;
name:     age  0;
```

（2）父子进程通过匿名映射实现共享内存

①开启一个终端，创建一个程序 main.c。在父进程中先调用 mmap()，然后调用 fork()。那么在调用 fork()之后，子进程继承父进程匿名映射后的地址空间，同样也继承 mmap()返回的地址，这样，父子进程就可以通过映射区域进行通信了。

注意，这里不是一般的继承关系。一般来说，子进程单独维护从父进程继承下来的一些变量。而 mmap()返回的地址，却由父子进程共同维护。

②编译这个程序，可执行文件为 main。

可得到父子间通信后的程序结果如下：

```
Child read: the 1 people’ s age is 20
Child read: the 1 people’ s age is 21
Child read: the 1 people’ s age is 22
Child read: the 1 people’ s age is 23
Child read: the 1 people’ s age is 24
Parent read: the first people’ s age is 100
Umap
Umap ok
```

2. 系统 V 共享内存

进程间需要共享的数据被放在一个叫做 IPC 共享内存区域的地方，所有需要访问该共享区域的进程都要把该共享区域映射到本进程的地址空间中。系统 V 共享内存通过 shmget 获得或创建一个 IPC 共享内存区域，并返回相应的标识符。内核在保证 shmget 获得或创建一个共享内存区，初始化该共享内存区相应的 shmid_kernel 结构的同时，还将在特殊文件系统 shm 中，创建并打开一个同名文件，并在内存中建立起该文件的相应 dentry 和 inode 结构，新打开的文件不属于任何一个进程（任何进程都可以访问该共享内存区）。所有这一切都是由系统调用 shmget 完成的。

注意：每一个共享内存区都有一个控制结构 struct shmid_kernel，shmid_kernel 是共享内存区域中非常重要的一个数据结构，它是存储管理和文件系统结合起来的桥梁，定义如下：

```
struct shmid_kernel /* private to the kernel */
{   struct kern_ipc_perm    shm_perm;
    struct file *           shm_file;
    int                     id;
    unsigned long           shm_nattch;
    unsigned long           shm_segsz;
    time_t                  shm_atim;
    time_t                  shm_dtim;
    time_t                  shm_ctim;
    pid_t                   shm_cprid;
    pid_t                   shm_lprid;
};
```

该结构中最重要的一个域应该是 shm_file，它存储了将被映射文件的地址。每个共享内存区对象都对应特殊文件系统 shm 中的一个文件，一般情况下，特殊文件系统 shm 中的文件是不能用 read()、write()等方法访问的，当采取共享内存的方式把其中的文件映射到进程地址空间后，可直接采用访问内存的方式对其访问，如图 2-5 所示。

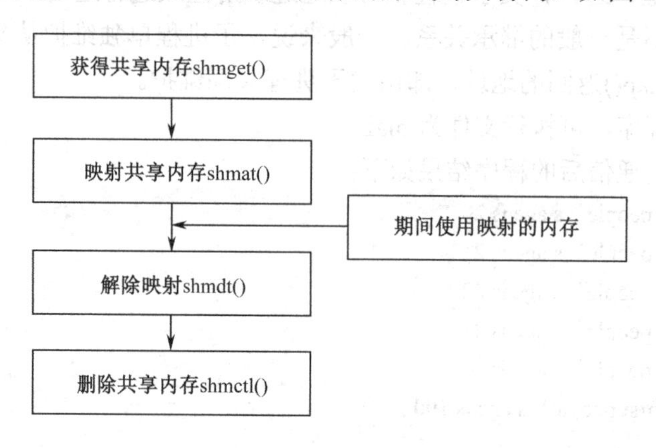

图 2-5　共享内存一般实现步骤

（1）创建共享内存

int shmget(key_t key ,int size,int shmflg)

key 标识共享内存的键值：0/IPC_PRIVATE。当 key 的取值为 IPC_PRIVATE，则函数 shmget 将创建一块新的共享内存；如果 key 的取值为 0，而参数中又设置了 IPC_PRIVATE 这个标志，则同样会创建一块新的共享内存。

返回值。如果成功，返回共享内存表示符，如果失败，返回-1。

（2）映射共享内存

int shmat(int shmid,char *shmaddr，int flag)

参数。shmid:shmget 函数返回的共享存储标识符，flag：决定以什么样的方式来确定映射的地址（通常为 0）。

返回值。如果成功，则返回共享内存映射到进程中的地址；如果失败，则返回-1。

（3）共享内存解除映射

int shmdt(char *shmaddr)

当一个进程不再需要共享内存时，需要把它从进程地址空间中删除。

（4）控制释放

int shmctl(int shmid,int cmd,struct shmid_ds*buf);

int shmid 是共享内存的 ID。Int cmd 是控制命令，可取值如下：IPC_STAT 得到共享内存的状态, IPC_SET　改变共享内存的状态，IPC_RMID 删除共享内存。

本实验步骤：

①开启一个终端，创建两个程序：read.c 及 write.c。

②编译这两个程序输入命令：gcc -g write.c -o write 及 gcc -g read.c -o read，然后执

行输入命令：./write 及./read,可执行文件为 write 及 read。

可得到读写进程间通信后的程序结果如下：

```
key=50397187
shm_id=1507338
key=50397187
shm_id=1507338
name:test1
age 0
name:test2
age 1
name:test3
age 2
```

五、调试过程及实验结果

1. 两个进程通过映射普通文件实现共享内存通信

```
shikaijing@ubuntu:~/Desktops$ ./map_normalfile2 we.txt
name: b   age 20;
name: c   age 21;
name: d   age 22;
name: e   age 23;
name: f   age 24;
name: h   age 25 ;
name: i   age   26;
name:   age   27;
name: k age   28;
name: l age   29;
shikaijing@ubuntu:~/Desktops$ ./map_normalfile2 we.txt
name: b   age 20;
name: c   age 21;
name: d   age 22;
name: e   age 23;
name: f   age 24;
name:    age   0 ;
name:    age   0;
name:    age   0;
name:    age   0;
name: l age   29;
```

2. 父子进程通过匿名映射实现共享内存

```
shikaijing@ubuntu:~/Desktops$ gcc  – g main.c  – o main
```

```
shikaijing@ubuntu:~/Desktops$ .main
child read: the 2 peoples’ s age is 21
child read: the 3 peoples’ s age is 22
child read: the 4 peoples’ s age is 23
child read: the 5 peoples’ s age is 24
parent read:the first people’ s age is 100
umap
umap ok
shikaijing@ubuntu:~/Desttop$
```

3. 系统V共享内存

```
shikaijing@ubuntu:~/Desktops$ gcc  - read.c  - o read
shikaijing@ubuntu:~/Desktops$ .read
key=50397187
shm_id=1507338
shikaijing@ubuntu:~/Desktops$ gcc  - g write.c  - o write
key=50397187
shm_id=1507338
name:test1
age 0
name:test2
age 1
name:test3
age 2
shikaijing@ubuntu:~/Desttop$
```

六、总结

1. 对于程序1的运行结果中可以得出的结论

①最终被映射文件内容的长度不会超过文件本身初始大小，即映射不能改变文件大小。

②可以用于进程通信的有效地址空间大小大体上受限于被映射文件的大小，但不完全受限于文件大小。打开文件被截短为5个people结构大小，而在map_normalfile1中初始化了10个people数据结构，在恰当时候（map_normalfile1输出initialize over之后，输出umap ok之前）调用map_normalfile2会发现map_normalfile2将输出全部10个people结构的值，后面将给出详细讨论。

③文件一旦被映射后，调用mmap()的进程对返回地址的访问是对某一内存区域的访问，暂时脱离了磁盘上文件的影响。所有对mmap()返回地址空间的操作只在内存中有意义，只有在调用了munmap()后或者msync()时，才把内存中的相应内容写回磁盘文件，所写内容仍然不能超过文件的大小。

2. 从程序2的运行结果中可以得出的结论

①由于父子进程特殊的亲缘关系，在父进程中先调用 mmap()，然后调用 fork()。那么在调用 fork()之后，子进程继承父进程匿名映射后的地址空间，同样也继承 mmap()返回的地址，这样，父子进程就可以通过映射区域进行通信了。

注意，这里不是一般的继承关系。一般来说，子进程单独维护从父进程继承下来的一些变量。而 mmap()返回的地址，却由父子进程共同维护。父进程可以读取子进程的内容，子进程也可以读取父进程的内容。

②对于具有亲缘关系的进程实现共享内存最好的方式，应该是采用匿名内存映射的方式。此时，不必指定具体的文件，只要设置相应的标志即可。

3. 对于程序3的运行结果中可以得出的结论

①系统V共享内存中的数据，从来不写入到实际磁盘文件中去。

②系统 V 共享内存是随内核持续的，即使所有访问共享内存的进程都已经正常终止，共享内存区仍然存在（除非显式删除共享内存），在内核重新引导之前，对该共享内存区域的任何改写操作都将一直保留。

4. 本实验结论

通过对试验结果分析，对比系统 V 共享内存与 mmap()映射普通文件实现共享内存通信，可以得出如下结论：

①共享内存允许两个或多个进程共享一给定的存储区，因为数据不需要来回复制，所以是最快的一种进程间通信机制。共享内存可以通过 mmap()映射普通文件（特殊情况下还可以采用匿名映射）机制实现，也可以通过系统V共享内存机制实现。

②系统 V 共享内存中的数据，从来不写入到实际磁盘文件中去；而通过 mmap()映射普通文件实现的共享内存通信可以指定何时将数据写入到磁盘文件中。

③通过调用 mmap()映射普通文件进行进程间通信时，一定要注意考虑进程何时终止对通信的影响。而通过系统V共享内存实现通信的进程则不然。

七、主要实验程序代码

1. 两个进程通过映射普通文件实现共享内存通信

```
map_normalfile1.c:
#include <sys/mman.h>
#include <sys/types.h>
#include <fcntl.h>
#include <unistd.h>
typedef struct{
   char name[4];
   int  age;
}people;   //定义一个 people 结构体
```

```
void main(int argc, char** argv) // map a normal file as shared mem:
{
  int fd,i;
  people *p_map;
  char temp;
  fd=open(argv[1],O_CREAT|O_RDWR|O_TRUNC,00777);
//打开或创建一个文件，大小为 5 个 people 结构体的大小
  lseek(fd,sizeof(people)*5-1,SEEK_SET);
//是一个用于改变读/写一个文件时读/写指针位置的一个系统调用。
  write(fd,"",1);
  p_map = (people*) mmap( NULL,sizeof(people)*10,PROT_READ|PROT_WRITE,
        MAP_SHARED,fd,0 );
//将文件或者其他对象映射进内存。初始化为 10 个 people 数据结构大小
  close( fd );
  temp = 'a';// 赋初值
  for(i=0; i<10; i++)
  {
    temp += 1;
    memcpy( ( *(p_map+i) ).name, &temp,2 );//内存复制函数
    ( *(p_map+i) ).age = 20+i;
  }
  printf(" initialize over \n ");  ê?
  sleep(10);// 进程睡眠 10s，等待其他进程映射同一个文件，最后解除映射。
  munmap( p_map, sizeof(people)*10 );//在进程地址空间中解除一个映射关系。
  printf( "umap ok \n" );
}

map_normalfile2.c
typedef struct{
  char name[4];
  int   age;
}people;
void main(int argc, char** argv)   // map a normal file as shared mem:
{
  int fd,i;
  people *p_map;
  fd=open( argv[1],O_CREAT|O_RDWR,00777 );
  p_map = (people*)mmap(NULL,sizeof(people)*10,PROT_READ|PROT_WRITE,
        MAP_SHARED,fd,0);
```

```
    for(i = 0;i<10;i++)
    {
    printf( "name: %s age %d;\n",(*(p_map+i)).name, (*(p_map+i)).age );
    }
    munmap( p_map,sizeof(people)*10 );
}
```

2. 父子进程通过匿名映射实现共享内存

```
 main.c
#include <sys/mman.h>
#include <sys/types.h>
#include <fcntl.h>
#include <unistd.h>
typedef struct{
    char name[4];
    int    age;
}people;
main(int argc, char** argv)
{
    int i;
    people *p_map;
    char temp;
    p_map=(people*)mmap(NULL,sizeof(people)*10,PROT_READ|PROT_WRITE,
            MAP_SHARED|MAP_ANONYMOUS,-1,0);
//在父进程中先调用 mmap()，然后调用 fork()，在调用 fork()函数之后，子进程继承父进程匿名映射后的地址空间，同样也继承了 mmap()返回的地址。
    if(fork() == 0)//创建一个进程
    {
      sleep(2);//睡眠 2s，让出 CPU，让其他进程使用。
      for(i = 0;i<5;i++)
        printf("child read: the %d people's age is %d\n",i+1,(*(p_map+i)).age);
      (*p_map).age = 100;
      munmap(p_map,sizeof(people)*10);
    exit();
    }
    temp = 'a';
    for(i = 0;i<5;i++)
    {
      temp += 1;
      memcpy((*(p_map+i)).name, &temp,2);
```

```
        (*(p_map+i)).age=20+i;
    }
    sleep(5);//父进程睡眠 10s，等待子进程继承父进程匿名映射后的地址空间。
    printf( "parent read: the first people,s age is %d\n",(*p_map).age );
    printf("umap\n");
    munmap( p_map,sizeof(people)*10 );
    printf( "umap ok\n" );
}
```

3. 系统 V 共享内存

write.c

```
#include <stdio.h>
#include <sys/ipc.h>
#include <sys/shm.h>
#include <sys/types.h>
#include <unistd.h>
typedef struct{
char name[8];
int age;
} people;
int main(int argc, char** argv)
{
int shm_id,i;
key_t key;
char temp[8];
people *p_map;
char pathname[30] ;
strcpy(pathname,"/tmp") ;
key = ftok(pathname,0x03);//利用 ftok()函数创建 key。
if(key==-1)
{
perror("ftok error");
return -1;
}
printf("key=%d\n",key) ;
shm_id=shmget(key,4096,IPC_CREAT|IPC_EXCL|0600);
//shmid 是共享内存标识符。Shmget()创建共享内存
if(shm_id==-1)
{
perror("shmget error");
```

```
return -1;
}
printf("shm_id=%d\n", shm_id) ;
p_map=(people*)shmat(shm_id,NULL,0);//映射共享内存
memset(temp, 0x00, sizeof(temp)) ;
strcpy(temp,"test") ;
temp[4]='0';
for(i = 0;i<3;i++)
{
temp[4]+=1;
strncpy((p_map+i)->name,temp,5);
(p_map+i)->age=0+i;
}
shmdt(p_map) ;//用来断开与共享内存附加点的地址，禁止本进程访问此片共享内存。
return 0 ;
}
```

read.c

```
typedef struct{
char name[8];
int age;
} people;
int main(int argc, char** argv)
{
    int shm_id,i;
    key_t key;
    people *p_map;
    char pathname[30] ;
    strcpy(pathname,"/tmp") ;
    key = ftok(pathname,0x03);
    if(key == -1)
    {
    perror("ftok error");
    return -1;
    }
    printf("key=%d\n", key) ;
    shm_id = shmget(key,0, 0);
    if(shm_id == -1)
    {
```

```
        perror("shmget error");
        return -1;
        }
        printf("shm_id=%d\n", shm_id) ;
        p_map = (people*)shmat(shm_id,NULL,0);
        for(i = 0;i<3;i++)
        {
        printf( "name:%s\n",(*(p_map+i)).name );
        printf( "age %d\n",(*(p_map+i)).age );
        }
        if(shmdt(p_map) == -1)
        {
        perror("detach error");
        return -1;
    }
    return 0 ;
    }
```

实验四　管道

一、实验目的

（1）了解什么是管道。

（2）熟悉 UNIX/Linux 支持的管道通信方。

二、实验环境

VMware Workstation Pro Ubuntu 14.04，gcc 编译器。

三、实验内容

编写程序分别使用无名管道和命名管道实现进程的管道通信。用系统调用 pipe()建立一管道，子进程向管道写一句话，父进程从管道中读出来自子进程的信息并显示；使用命名管道实现两个不相关进程间的信息传递。

四、实验准备

1. 什么是管道

UNIX 系统在 OS 的发展上，最重要的贡献之一便是该系统首创了管道（pipe），这也是 UNIX 系统的一大特色。管道是指能够连接一个写进程和一个读进程的、并允许它们以生产者—消费者方式进行通信的一个共享文件，又称为 pipe 文件。由写进程从管道的写入端（句柄 1）将数据写入管道，而读进程则从管道的读出端（句柄 0）读出数据，如图 2-6 所示。

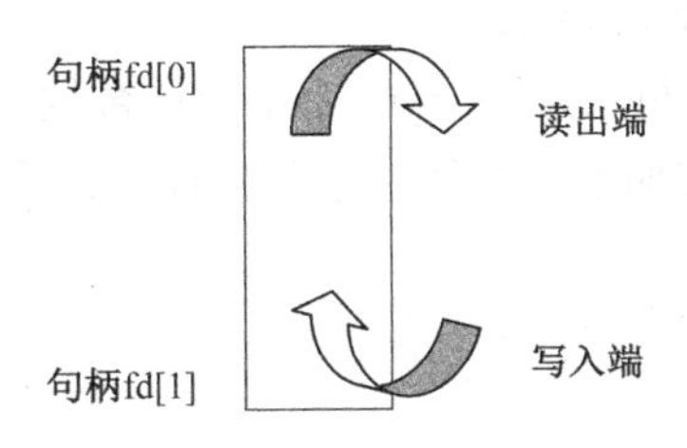

图 2-6 模拟 UNIX 中管道示意图

2. 预备知识

（1）无名管道（用于父子进程间）

一个临时文件，利用 pipe()建立起来的无名文件（无路径名）。只用该系统调用所返回的文件描述符来标识该文件，故只有调用 pipe()的进程及其子孙进程才能识别此文件描述符，才能利用该文件（管道）进行通信。

（2）命名管道（用于任意两个进程间）

一个可以在文件系统中长期存在的、具有路径名的一种特殊类型的文件，也被称为 FIFO 文件。它克服无名管道使用上的局限性，可让更多的进程也能利用管道进行通信。因而其他进程可以知道它的存在，并能利用路径名来访问该文件。对有名管道的访问方式与访问其他文件一样，须先用 open()打开。

（3）pipe 文件的建立

分配磁盘和内存索引结点、为读进程分配文件表项，为写进程分配文件表项，分配用户文件描述符。

（4）无名管道和命名管道的差异

使用无名管道通信的进程之间需要一个父子关系，通信的两个进程一定是由一个共同的祖先进程启动，但无名管道没有数据交叉的问题。FIFO 不同于无名管道之处在于它提供了一个路径名与之关联，以 FIFO 的文件形式存在于文件系统中，这样，即使与 FIFO 的创建进程不存在亲缘关系的进程，只要可以访问该路径，就能够彼此通过 FIFO 相互通信，因此，通过 FIFO 不相关的进程也能交换数据。且 FIFO 严格遵循先进先出(first in first out),对管道及 FIFO 的读总是从开始处返回数据，对它们的写则把数据添加到末尾。有名管道的名字存在于文件系统中，内容存放在内存中。

3. 所涉及的系统调用

（1）pipe()

建立一无名管道的格式： pipe(filedes)

参数定义如下：

```
int   pipe(filedes);
int   filedes[2];
```

其中，filedes[1]是写入端，filedes[0]是读出端。

（2）read()

系统调用格式： read(fd,buf,nbyte)

功能：从 fd 所指示的文件中读出 nbyte 个字节的数据，并将它们送至由指针 buf 所指示的缓冲区中。如该文件被加锁、等待，直到锁打开为止。

参数定义如下：

```
int   read(fd,buf,nbyte);
int   fd;
char *buf;
unsigned   nbyte;
```

（3）write()

系统调用格式：read(fd,buf,nbyte)

功能：把 nbyte 个字节的数据，从 buf 所指向的缓冲区写到由 fd 所指向的文件中。如文件加锁、暂停写入，直至开锁。

参数定义同 read()。进程间通过管道用 write 和 read 来传递数据，但 write 和 read 不能同时进行，在管道中只能有 4096 字节数据被缓冲。

（4）Sleep()

系统调用格式：sleep(second);

功能：使现行进程暂停执行由自变量规定的秒数，用于进程的同步与互斥。

（5）lockf()

系统调用格式：lockf(fd,mode,size);

功能：对指定文件的指定区域（由 size 指示）进行加锁或解锁，以实现进程的同步与互斥。其中 fd 是文件描述字，mode 是锁定方式，=1 表示加锁，=0 表示解锁，size 是指定文件 fd 的指定区域，用 0 表示从当前位置到文件尾。

五、实验结果

```
Ubuntu 14.04.0 LT3 ubuntu tty1

Llint: Num Lock on

Ubuntu login: jenny
Password:
Last loginL Sat Dec 20 04:27:14 pst 2015 in tty1
Welcome to Ubuntu 14.04.3 LTD (CNU/Linux 3.19.0 25 gcncric x86_64 )

* Documcntation: https://holp.ubuntu.com.

jenny@buntu:~$ 1s
Desktop     Downloads          Music       public     test     Uniticd Document~
```

```
Documents    examples.destop    pictures    Teplates    test~    vides
jenny@ubuntu:~$ cp test pipc1.c
jenny@ubuntu:~$ gcc pipc1.c o pipc1
jenny@ubuntu:~$ ./pipc1
child process is sending message!
jenny@ubuntu:~$_
```

六、总结

以上是 Linux 进程间管道通信的描述及实现方法。管道是 Linux 的一种通信方式，一种两个进程间进行单向通信的机制，它提供了简单的流控制机制。管道是单向的、半双工的，数据只能向一个方向流动，双方通信时需要建立两个管道。匿名管道具有很多限制，即只能是在父子进程中，只能在一台机器上，同一时间只能读或者写。一个命名管道的所有实例共享同一个路径名，但是每一个实例均拥有独立的缓存与句柄。只要可以访问正确的与之关联的路径，进程间就能够彼此相互通信。

七、主要实验程序代码

1. 无名管道

```
#include <unistd.h>
#include <signal.h>
#include <stdio.h>
#include <stdlib.h>
int pid;                    /*定义进程变量*/

main(){

int fd[2];
char outpipe[100],inpipe[100];     /*定义两个字符数组*/
pipe(fd);                           /*创建一个管道*/
while ((pid=fork())==-1);      /*如果进程创建不成功,则空循环*/
if(pid==0){                         /*如果子进程创建成功,pid 为进程号*/

      lockf(fd[1],1,0);              /*锁定管道*/
      sprintf(outpipe,"child process is sending message!"); /*把串放入数组 outpipe 中*/
      write(fd[1],outpipe,50);      /*向管道写长为 50 字节的串*/
      sleep(5);                         /*自我阻塞 5 秒*/
      lockf(fd[1],0,0);               /*解除管道的锁定*/
      exit(0);
   }
else{
```

```
            wait(0);                        /*等待子进程结束*/
            read(fd[0],inpipe,50);      /*从管道中读长为 50 字节的串*/
            printf("%s\n",inpipe);      /*显示读出的数据*/
            exit(0);                           /*父进程结束*/

    }
}
```

2. 命名管道

```
fifow.c
#include <unistd.h>
#include <stdlib.h>
#include <fcntl.h>
#include <limits.h>
#include <sys/types.h>
#include <sys/stat.h>
#include <stdio.h>
#include <string.h>
int main(){
    const char *fifo_name = "/home/jenny/myfifo";
    int pipe_fd = -1;
    int data_fd = -1;
    int res = 0;
    const int open_mode = O_WRONLY;
    int bytes_sent = 0;
    char buffer[PIPE_BUF + 1];
    int bytes_read = 0;

    if(access(fifo_name, F_OK) == -1){
        //管道文件不存在
        //创建命名管道
        printf ("Create the fifo pipe.\n");
        res = mkfifo(fifo_name, 0777);
        if(res != 0)
        {
            fprintf(stderr, "Could not create fifo %s\n", fifo_name);
            exit(EXIT_FAILURE);
        }
    }
```

```
printf("Process %d opening FIFO O_WRONLY\n", getpid());
//以只写阻塞方式打开 FIFO 文件，以只读方式打开数据文件
pipe_fd = open(fifo_name, open_mode);
data_fd = open("Data.txt", O_RDONLY);
printf("Process %d result %d\n", getpid(), pipe_fd);

if(pipe_fd != -1)    {
      int bytes_read = 0;
      data_fd = open("Data.txt", O_RDONLY);
      if (data_fd == -1)
      {
            close(pipe_fd);
            fprintf (stderr, "Open file[Data.txt] failed\n");
            return -1;
      }

      //向数据文件读取数据
      bytes_read = read(data_fd, buffer, PIPE_BUF);
      buffer[bytes_read] = '\0';
      while(bytes_read > 0)
      {
            //向 FIFO 文件写数据
            res = write(pipe_fd, buffer, bytes_read);
            if(res == -1)
            {
                  fprintf(stderr, "Write error on pipe\n");
                  exit(EXIT_FAILURE);
            }
            //累加写的字节数，并继续读取数据
            bytes_sent += res;
            bytes_read = read(data_fd, buffer, PIPE_BUF);
            buffer[bytes_read] = '\0';
      }
      close(pipe_fd);
      close(data_fd);
}
else
      exit(EXIT_FAILURE);
```

```
    printf("Process %d finished\n", getpid());
    exit(EXIT_SUCCESS);
}

fifior.c
#include <unistd.h>
#include <stdlib.h>
#include <stdio.h>
#include <fcntl.h>
#include <sys/types.h>
#include <sys/stat.h>
#include <limits.h>
#include <string.h>

int main()
{
    const char *fifo_name = "/home/jenny/myfifo";
    int pipe_fd = -1;
    int data_fd = -1;
    int res = 0;
    int open_mode = O_RDONLY;
    char buffer[PIPE_BUF + 1];
    int bytes_read = 0;
    int bytes_write = 0;
    //清空缓冲数组
    memset(buffer, '\0', sizeof(buffer));

    printf("Process %d opening FIFO O_RDONLY\n", getpid());
    //以只读阻塞方式打开管道文件，注意与 fifowrite.c 文件中的 FIFO 同名
    pipe_fd = open(fifo_name, open_mode);
    //以只写方式创建保存数据的文件
    data_fd = open("DataFormFIFO.txt", O_WRONLY|O_CREAT, 0644);
    //printf("Process %d result %d\n",getpid(), pipe_fd);

    if (data_fd == -1)
    {
        fprintf(stderr, "Open file[DataFormFIFO.txt] failed\n");
        close(pipe_fd);
```

```
            return -1;
        }

        printf("Process %d result %d\n",getpid(), pipe_fd);
        if(pipe_fd != -1)
        {
            do
            {
                //读取 FIFO 中的数据，并把它保存在文件 DataFormFIFO.txt 文件中
                res = read(pipe_fd, buffer, PIPE_BUF);
                bytes_write = write(data_fd, buffer, res);
                bytes_read += res;
            }while(res > 0);
            close(pipe_fd);
            close(data_fd);
        }
        else {          exit(EXIT_FAILURE);      }
        printf("Process %d finished, %d bytes read\n", getpid(), bytes_read);
        exit(EXIT_SUCCESS);
}
```

实验五　Socket 通信原理

一、实验目的及要求

（1）深入掌握 Socket 的原理和实现方法。

（2）编写实现程序。

（3）进程之间的通信。客户端与服务器端，客户端将显示服务器端发来的消息。

二、实验环境

使用规定软件配置 Java 开发环境，包括安装 JDK 及其配置和安装 Eclipse，用 Java 语言编写程序。

三、实验内容

Socket 通信原理的步骤如下。

（1）服务器端的步骤。

①建立服务器端的 Socket，开始侦听整个网络中的连接请求。

②当检测到来自客户端的连接请求时，向客户端发送收到连接请求的信息，并建立与客户端之间的连接。

③当完成通信后，服务器关闭与客户端的 Socket 连接。

（2）客户端的步骤。

①建立客户端的 Socket，确定要连接的服务器主机名和端口。

②发送连接请求到服务器，并等待服务器的回馈信息。

③连接成功后，与服务器进行数据交互。

④数据处理完毕后，关闭自身的 Socket 连接。

四、实验描述及实验步骤

1. 基于 TCP（面向连接）的 socket 编程

（1）服务器端程序。

①创建套接字（socket）。

②将套接字绑定到一个本地地址和端口上（bind）。

③将套接字设为监听模式，准备接受客户请求（listen）。

④等待客户请求到来；当请求到来后，接受连接请求，返回一个新的连接套接字（accept）。

⑤用返回的套接字和客户端进行通信（send/recv）。

⑥返回，等待另一客户请求。

⑦关闭套接字。

（2） socket 客户端程序。

①创建套接字（socket）

②向服务器发出连接请求（connect）。

③与服务器端进行通信（send/recv）。

④关闭套接字。

2. 基于 UDP（面向无连接）的 socket 编程

（1）服务器端（接受端）程序。

①创建套接字（socket）。

②将套接字绑定到一个本地地址和端口上（bind）。

③等待接收数据（recvfrom）。

④关闭套接字。

（2）客户端（发送端）程序。

①创建套接字（socket）。

②向服务器发送数据（sendto）。

③ 关闭套接字。

3. Socket 中 TCP 的三次握手建立连接详解

（1）客户端向服务器发送一个 SYN J。

（2）服务器向客户端响应一个 SYN K，并对 SYN J 进行确认 ACK J+1。

（3）客户端再向服务器发一个确认 ACK K+1。

Socket 中 Tcp 的三次握手，如图 2-7 所示。

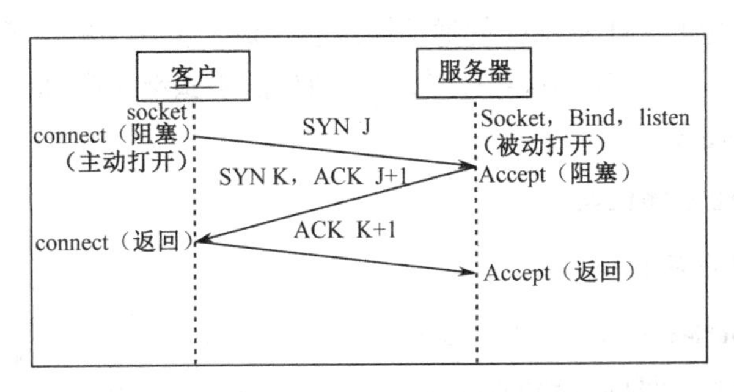

图 2-7 Socket 中 TCP 的三次握手示意图

从图中可以看出，当客户端调用 connect 时，触发了连接请求，向服务器发送 SYN J 包，这时 connect 进入阻塞状态；服务器监听到连接请求，即收到 SYN J 包，调用 accept 函数接收请求向客户端发送“SYN K，ACK J+1”，这时 accept 进入阻塞状态；客户端收到服务器的“SYN K，ACK J+1”之后，这时 connect 返回，并对 SYN K 进行确认；服务器收到 ACK K+1 时，accept 返回，至此三次握手完毕，连接建立。

五、调试过程及实验结果

（1）客户端发送，如图 2-8 所示。

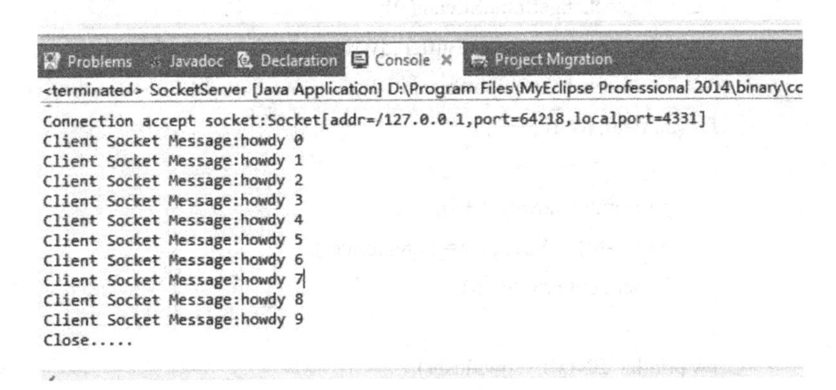

图 2-8 客户端发送

（2）服务端接收，如图 2-9 所示。

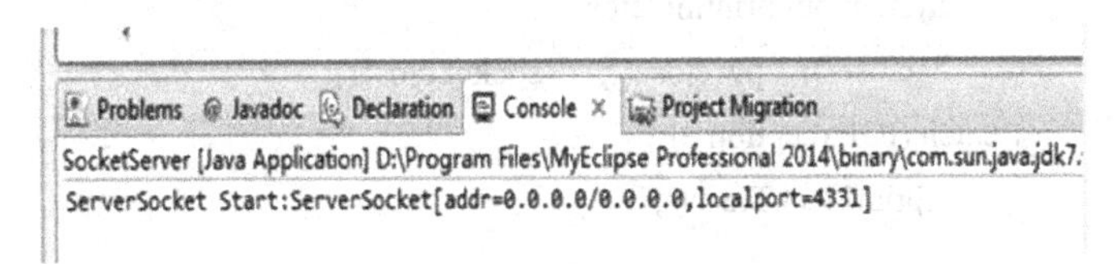

图 2-9 服务端接收

六、总结

通过本次课题设计，对 Socket 的通信原理有了进一步的了解。了解 socket 编程的原理和它的系统结构，在原理的指导下，每一个通信的步骤都对应 Socket 的一个函数，调用函数完成预定的通信。

七、主要的实验程序代码

1. 客户端发送程序代码

```
public class SocketClient {
        public static void main(String[] args) {
            Socket socket = null;
            BufferedReader br = null;
            PrintWriter pw = null;
            try {
                //客户端 socket 指定服务器的地址和端口号
                socket = new Socket("127.0.0.1", SocketServer.PORT);
                System.out.println("Socket=" + socket);
                //同服务器原理一样
                br = new BufferedReader(new InputStreamReader(
                        socket.getInputStream()));
                pw = new PrintWriter(new BufferedWriter(new OutputStreamWriter(
                        socket.getOutputStream())));
                for (int i = 0; i < 10; i++)
                 {
                    pw.println("howdy " + i);
                    pw.flush();   String str = br.readLine();
                    System.out.println(str);
                }
                pw.println("END");   pw.flush();
            } catch (Exception e) {    e.printStackTrace();
            } finally {
                try {
                    System.out.println("close......");
                    br.close();   pw.close();     socket.close();
                } catch (IOException e) {
                    e.printStackTrace();
                }
            }
        }
    }
```

2. 服务端接收程序代码

```
public class SocketServer {
        public static int PORT = 4331;
        public static void main(String[] agrs) {
            ServerSocket s = null;    Socket socket = null;     BufferedReader br = null;
            PrintWriter pw = null;
            try {
                //设定服务端的端口号
                s = new ServerSocket(PORT);
                System.out.println("ServerSocket Start:"+s);
                //等待请求,此方法会一直阻塞,直到获得请求才往下走
                socket = s.accept();
                System.out.println("Connection accept socket:"+socket);
                //用于接收客户端发来的请求
                br = new BufferedReader(new InputStreamReader(socket.getInputStream()));
    //用于发送返回信息,可以不需要装饰这么多 io 流，使用缓冲流时发送数据要注意调用.flush()
方法  pw = new PrintWriter(new BufferedWriter(new OutputStreamWriter(socket.getOutputStream())),true);
                while(true){
                    String str = br.readLine();
                    if(str.equals("END")){   break;   }
                    System.out.println("Client Socket Message:"+str);
                    Thread.sleep(1000);
                    pw.println("Message Received");
                    pw.flush();
                }
            } catch (Exception e) {
                e.printStackTrace();
            }finally{
                System.out.println("Close.....");
                try {   br.close();     pw.close(); socket.close(); s.close();
                } catch (Exception e2) {
                }
            }
        }
    }
```

八、拓展实验：进程间的同步和异步通信原理

实验内容：

①创建一个服务端和客户端。

②在客户端和服务端绑定 IP 和端口。

③在客户端发送数据，在服务端接收数据。

④在客户端关闭后，同步通信的服务端显示连接断开，异步通信的服务端继续显示。

2.1 节实验程序清单

实验程序序号	程序说明	对应章节
1	Linux 下进程的控制	2.1.1 实验一
2	创建一个子进程并且装入画图程序	2.1.1 实验二
3	确定运行进程的操作系统版本号	2.1.1 实验二
4	创建子进程，然后命令它发出“自杀弹”互斥体去终止自身运行	2.1.1 实验二
5*	Linux 下多进程并发	
6	设计 PCB 表结构,实现 FIFO 进程调度算法	2.1.2 实验一
7	实现进程调度算法：FIFO、RR、SJF、PRIOR	2.1.2 实验二
8*	采用最高优先数优先的进程调度算法	
9*	实现进程调度算法：FCFS、SJF、HRN	
10	消息传递，创建消息队列	2.1.3 实验一
11	共享内存（Windows 程序）	2.1.3 实验二
12	共享内存（Linux 程序）	2.1.3 实验三
13	进程通信—管道	2.1.3 实验四
14	Socket 通信原理	2.1.3 实验五
15*	Socket 网络编程（C#语言）	
16*	Socket 网络编程（Java 语言）	
17*	进程间的同步和异步通信原理	

*号为课外自主实验参考程序，附有文档说明。

2.2 线程

线程，有时称为轻量级进程（Lightweight Process，LWP），是程序执行流的最小单元。一个标准的线程由线程 ID、当前指令指针（PC）、寄存器集合和堆栈组成。另外，线程是进程中的一个实体，是系统独立调度和分派的基本单位，线程自己不拥有系统资源，只拥有一点在运行中必不可少的资源，但它可与同属一个进程的其他线程共享进程所拥有的全部资源。一个线程可以创建和撤销另一个线程，同一进程中的多个线程之间可以并发执行。由于线程之间的相互制约，致使线程在运行中呈现出间断性。线程也有就绪、阻塞和运行三种基本状态。就绪状态是指线程具备运行的所有条件，逻辑上可以运行，在等待处理机；运行状态是指线程占有处理机正在运行；阻塞状态是指线程在等待一个事件（如某个信号量），逻辑上不可执行。每一个程序都至少有一个线程，若程序只有一个线程，那就是程序本身。

线程是程序中一个单一的顺序控制流程。进程内一个相对独立的、可调度的执行单元，是系统独立调度和分派 CPU 的基本单位，是运行中的程序调度单位。在单个程序中同时运行多个线程完成不同的工作，称为多线程。

本节主要内容为：引入线程的概念、编写多线程程序、讨论线程库。

2.2.1 线程创建与终止

在多线程的操作系统中，通常是一个进程包括多个线程，每个线程都作为利用 CPU 的基本单位，是花费最小开销的实体。

线程有两个基本类型：用户级和系统级线程。

用户级线程：管理过程全部由用户程序完成，操作系统内核只对进程进行管理。

系统级线程（核心级线程）：由操作系统内核进行管理。操作系统内核给应用程序提供相应的系统调用和应用程序接口 API，以使用户程序可以创建、执行、撤销线程。

本节实验主要在用户级上对线程进行创建、执行与撤销。

实验一 Pthread API 线程

一、实验目的及要求

（1）掌握 Pthread API 线程的创建、等待与终止。

（2）掌握编写线程程序的方法。

（3）了解线程的调度和执行过程。

二、实验环境

Red Hat Enterprise Linux 6.0 , gcc 编译。

三、实验基础

1. 线程 ID

线程 ID 只在它所属的进程环境中有效，并用 pthread_t 数据类型来表示，实现的时候可以用一个结构来代表 pthread_t 数据类型，所以，在可移植的操作系统实现时，不能把它当作整数来处理。因此，必须使用函数(pthread_equal)来对两个线程 ID 进行比较，可以用 pthread_self 获取自身线程 ID 。

2. 线程的创建

线程创建时，并不能保证哪个线程先运行，是新创建的线程还是调用线程。新创建的线程可以访问进程的地址空间，并且继承调用线程的浮点环境和信号屏蔽字，但是，该线程的未决信号集被清除。

3. 线程的终止

如果进程中的任一线程调用了 exit、_Exit 或者_exit，那么整个进程就会终止。

单个线程的终止有以下三种方式。

- 线程只是从启动例程中返回，返回值是线程的退出码。
- 线程可以被同一进程的其他线程取消。线程可以通过 pthread_cancel 函数来请求取消同一进程中的其他线程，默认情况下，pthread_cancel 函数会使指定线程的行为表现为如同调用了参数为 PTHREAD_CANCELED 的 pthread_exit 函数。但是线程可以选择忽略取消方式或控制取消方式， pthread_cancel 并不等待线程终止，它仅仅提交请求。
- 线程调用 pthread_exit。pthread_exit 可以在退出的时候传递一些信息，这些信息可以用 pthread_join 函数获得，调用 pthread_join 函数将会一直阻塞，直到指定的线程调用 pthread_exit 时为止。

在默认情况下，线程的终止状态会保存到该线程调用 pthread_join 为止，如果线程已经处于分离状态，线程的底层存储资源可以在线程终止时立即被回收。当线程被分离时，并不能用 pthread_join 函数等待它的终止状态。对分离状态的线程进行 pthread_join 的调用可以产生失败，返回 EINVAL。pthread_detach 调用可以用于使线程进入分离状态。

四、实验代码

```
#include<iostream>
#include<pthread.h>
#include<unistd.h>

using namespace std;

/*线程函数，生成一个新的线程*/
void *th_fn(void *arg)
{
    cout<<"new thread"<<endl;
    return (void *)10;
}

int main()
{
    pthread_t ptid;
    void *tret;

/*创建线程*/
pthread_create(&ptid, NULL,th_fn ,NULL);

/*监测线程退出的状态*/
    pthread_join(ptid, &tret);
```

```
    cout<<"code 2 exit id = "<<(int)tret<<endl;

    return 0;
}
```

五、实验结果

结果输出：

```
new thread
 code 2 exit id = 10
```

实验二　Win32 线程

一、实验目的及要求

（1）掌握 Win32 线程的创建、等待与终止。

（2）掌握编写线程程序的方法。

（3）了解线程的调度和执行过程。

二、实验基础

Win32 线程的创建方法主要有以下三种。

（1）CreateThread()

CreateThread 是 Win32 提供创建线程的最基础的 API，用于在主线程上创建一个线程。返回一个 HANDLE 句柄（内核对象）。WaitForSingleObject(hHandle，INFINITE)获得线程结束。

（2）_beginthread()&&_beginthreadex()

_beginthread 也是通过 CreateThread 来创建线程的，对其进行了一些封装，将相关资源通过线程的本地存储（TLS）传递给线程函数的参数，调用_endthread 的时候，对资源进行释放。

（3）AfxBeginThread()&&CWinThread 类

MFC 中创建线程的方法。

三、实验代码

1. CreateThread()创建与终止线程

```
#include <windows.h>
DWORD WINAPI ThreadProc(LPVOID lpParam)
{   printf("sub thread started\n");
    printf("sub thread finished\n");
    return 0;
}
int main(int argc, char* argv[])
```

```
{   DWORD threadID;
    HANDLE   hThread = CreateThread(NULL,0,ThreadProc,NULL,0,&threadID); // 创建线程
    WaitForSingleObject(hThread,INFINITE);
    CloseHandle(hThread); // 关闭内核对象
    return 0;
}
```

2. _beginthread()创建与终止线程

```
#include <windows.h>
#include <process.h>
void __cdecl ThreadProc(void *para)
{       printf("sub thread started\n");
        printf("sub thread finished\n");
        _endthread(); // 可以省略，隐含会调用
}
int _tmain(int argc, _TCHAR* argv[])
{       HANDLE hThread = (HANDLE)_beginthread(ThreadProc, 0, NULL);
        WaitForSingleObject(hThread,INFINITE);
        return 0;
}
```

实验三　Java 线程

一、实验目的及要求

（1）掌握 Java 线程的创建、等待与终止。

（2）掌握编写线程程序的方法。

（3）了解线程的调度和执行过程。

二、实验基础

在 Java 中创建线程有两种方法：使用 Thread 类和使用 Runnable 接口。在使用 Runnable 接口时需要建立一个 Thread 实例。因此，无论是通过 Thread 类还是 Runnable 接口建立线程，都必须建立 Thread 类或它的子类。

三、实验代码

1. 继承 Thread 类覆盖 run 方法

```
public class ThreadDemo1 {
        public static void main(String[] args){
            Demo d = new Demo();
            d.start();
```

```
            for(int i=0;i<60;i++){
                System.out.println(Thread.currentThread().getName()+i);
            }
        }
    }
class Demo extends Thread{
    public void run(){
        for(int i=0;i<60;i++){
            System.out.println(Thread.currentThread().getName()+i);
        }
    }
}
```

2. 继承 Runnable 类覆盖 run 方法

```
public class ThreadDemo2 {
    public static void main(String[] args){
        Demo2 d =new Demo2();
        Thread t = new Thread(d);
        t.start();
        for(int x=0;x<60;x++){
            System.out.println(Thread.currentThread().getName()+x);
        }
    }
}
class Demo2 implements Runnable{
    public void run(){
        for(int x=0;x<60;x++){
            System.out.println(Thread.currentThread().getName()+x);
        }
    }
}
```

2.2.2　单线程与多线程比较

学会了线程的创建与终止，通过以下实验观察比较单线程与多线程在处理计算、文件复制和绘画等能力，并观察在实验多线程编程时遇到的问题。

实验一　“累加”计算效率

一、实验目的及要求

（1）掌握多线程编程的特点和工作原理。

（2）比较单线程与多线程之间的区别（速度方面）。

二、实验基础

Microsoft Visual Studio 2012 环境，用C++语言编写。

三、实验内容

（1）在C++中创建线程，模拟多线程执行任务。

（2）复杂运算：比较单线程与多线程在计算大量数值累加（1+2+…+200000）中的时间。

四、实验描述

1. 单线程

直接计算：sum3 =1+2+3+……+200000

2. 多线程分步

如图2-10所示。

①计算：sum1 = 1+2+3+……+100000

②计算：sum2 = 100001+100002+……+200000

③计算：sum = sum1+sum2

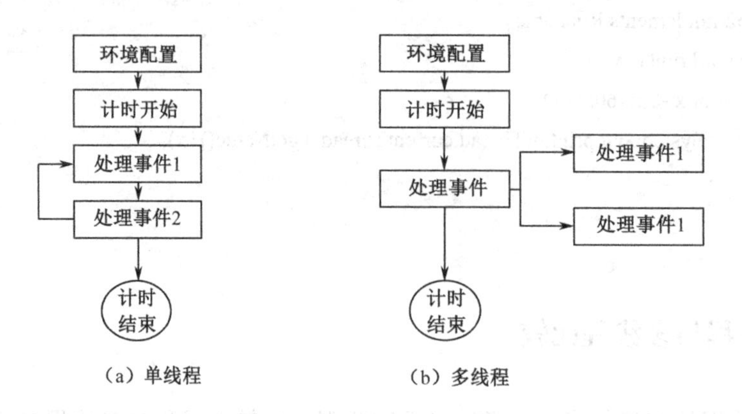

图2-10　线程分布示意图

五、实验结果与分析

计算20000级时：

sumTime1:5.000000

sumTime2:4.000000

计算 200000 级时:

sumTime1:54.000000

sumTime2:34.000000

分析：可以看出在计算量相同的情况下，计算越复杂，利用多线程计算的效率和优点越能体现出来。

六、主要实验程序代码

```
#include<stdio.h>
#include<Windows.h>
#include<time.h>

//宏定义 定义最大值为 100000
#define MAXVAL 100000

//设置全局变量，保存运行结果
unsigned long long sum1 = 0;
unsigned long long sum2 = 0;
unsigned long long sum3 = 0;

//线程 1：计算 sum1 = 1+2+3+……+100000
DWORD WINAPI    adder1(LPVOID threadNum)
{
        long int value = 0;
        while(1)
        {
                if(value > MAXVAL)
                        return 0;
                sum1 = sum1 + value;
                value++;
                printf("sum1:%llu\n",sum1);
        }
        return NULL;
}

//线程 1：计算 sum2 = 100001+100002+……+200000
DWORD WINAPI    adder2(LPVOID threadNum)
{
        long int value = 10001;
        while(1)
```

```
        {
            if(value > MAXVAL*2)
                return 0;
            sum2 = sum2 +value;
            value++;
            printf("sum2:%llu\n",sum2);
        }
        return NULL;}

//直接计算 sum3 = 1+2+……+200000
void sumValue()
{
        for(int i =0; i<= MAXVAL*2; i++)
        {
            sum3 += i;
            printf("sum3:%llu\n",sum3);
        }
}

int main(void)
{
//设置开始和结束时间
        time_t start,end;
        double sumTime1,sumTime2;
        int sum;
        time(&start);
//开辟两个线程，分别用来分步计算
        HANDLE hFirstThread = CreateThread(0,0,adder1,0,0,0);
        HANDLE hSecondThread = CreateThread(0,0,adder2,0,0,0);
        WaitForSingleObject( hFirstThread, INFINITE );
        WaitForSingleObject( hSecondThread, INFINITE );
//线程结束后，计算总值
        sum = sum1+sum2;
        time(&end);
//统计时间
        sumTime1 = end - start;
        time(&start);
//单步直接计算
        sumValue();
```

```
        time(&end);
        sumTime2 = end -start;
        printf("sumTime1:%f\n",sumTime1);
        printf("sumTime2:%f\n",sumTime2);
        system("pause");
        return 0;
}
```

实验二　检验素数效率

一、实验目的及要求

（1）掌握多线程编程的特点和工作原理。

（2）比较单线程与多线程之间的区别（速度方面）。

二、实验基础

Microsoft Visual Studio 2012 环境，用 C++语言编写。

三、实验内容

（1）在 C++中创建线程，模拟多线程执行任务。

（2）复杂运算。比较单线程与多线程在进行素数检测所花费的时间。

四、实验描述

用 2^sqrt(n) 去试除 n，判断是否为素数。

•多进程的算法中，假设 p 个线程；

•将 2，2+p, 2+2p，…，分配给第 1 个线程；

•将 3, 3+p, 3+2p, …，分配给第 2 个线程；

以此类推，最后将 1+p, 1+2p, 1+3p, …，分配给第 p 个进程。

五、实验结果

```
>>素数验证程序
（1）手动输入数字
（2）验证第 9 个梅森素数（M61）
（3）验证 99982249*2147483647
选择了（2）
n=2305843009213693951
（1）单线程算法
（2）多线程算法
选择了（1）正在使用单线程计算…
2305843009213693951 是质数
此程序的运行时间为 22.409 秒!
```

```
请按任意键继续…
>>素数验证程序
（1）手动输入数字
（2）验证第 9 个梅森素数（M61）
（3）验证 99982249*2147483647
选择了（2）
n=2305843009213693951
（1）单线程算法
（2）多线程算法
选择了（2）
请输入线程个数
5
2305843009213693951 是质数
此程序的运行时间为 7.625 秒!
请按任意键继续…
```

六、主要实验程序代码

```
#include "stdlib.h"
#include "conio.h"
#include <iostream>
#include <time.h>
#include <vector>
#include <thread>
using namespace std;
int multithread(__int64,int);
int singlethread(__int64);
int _tmain(int argc, _TCHAR* argv[])
{       __int64 n;
        int p;
        char key;
        cout <<">> 素数验证程序"<< endl;
        cout <<"[1]. 手动输入数字"<< endl;
        cout <<"[2]. 验证第 9 个梅森素数（M61）"<< endl;
        cout <<"[3]. 验证 99982249 * 2147483647"<< endl;
        key = getch();
        if (key == '1')
        {
            cout <<"\n 选择了[1]"<< endl;
```

```
            cout <<"请输入要验证的数字 (2 < n < 2^63) : "<< endl;
            cin >> n;
        }
        else if (key == '2')
        {
            n = 2305843009213693951;
            cout <<"\n 选择了[2]"<< endl;
            cout <<"n="<< n << endl;
        }
        else if (key == '3')
        {
            n = (__int64)99982249 * 2147483647;
            cout <<"\n 选择了[3]"<< endl;
            cout <<"n="<< n << endl;
        }
        cout <<"\n[1]单线程算法"<< endl;
        cout <<"[2]多线程算法"<< endl;
        key = getch();
        clock_t start, finish;
        if (key == '1')
        {
            cout <<"\n 选择了[1] 正在使用单线程计算..."<< endl;
            start = clock();
            singlethread(n);
        }
        else if (key == '2')
        {
            cout <<"\n 选择了[2]"<< endl;
            cout <<"请输入线程个数："<< endl;
            cin >> p;
            start = clock();
            multithread(n, p);
        }
        finish = clock();
        cout <<"\n 此程序的运行时间为"<< (double)(finish - start) / CLOCKS_PER_SEC <<"秒！"<<
endl;
        system("pause");
        return 0;
    }
```

```
int multithread(__int64 n,int p)
{
    __int64 factor;
    std::vector<std::thread> threads;

    bool isPrime = true;
    for (int a = 0; a < p; a++)
    {
        threads.push_back(
            std::thread([a, p, n, &isPrime, &factor]()
        {
            for (__int64 i = 2 + a; (i * i) <= n; i += p)
            {
                if (!isPrime)
                    break;
                if (n % i == 0)
                {
                    isPrime = false;
                    factor = i;
                    break;
                }
            }
        }));
    }
    for (auto& thread : threads)
    {
        thread.join();
    }

    if (isPrime)
        cout << n <<"是质数"<< endl;
    else
        cout << n <<"不是质数，至少含有因子："<< factor << endl;
    return 0;
}

int singlethread(__int64 n)
{
    __int64 i;
```

```
        bool isPrime = true;

        for (i = 2; (i * i) <= n; i++)
        {
                if (n % i == 0)
                {
                        isPrime = false;
                        break;
                }
        }
        if (isPrime)
                cout << n <<"是质数"<< endl;
        else
                cout << n <<"不是质数，最小因子"<< i << endl;
        return 0;
}
```

实验三　文件复制

一、实验目的及要求

（1）理解 Java 多线程编程的特点和工作原理。

（2）掌握 Java 多线程的两种实现方式及其区别与联系。

（3）理解多线程的优缺点。

二、实验基础

Windows 7，JDK 1.7，Eclipse 4.4.1。

三、实验内容

（1）一个线程，先复制文件 testFile1.txt ，再复制文件 testFile2.txt。

（2）两个线程，同时分别复制文件 testFile1.txt 和 testFile2.txt。

（3）比较单线程和多线程的执行时间，并分析原因。

四、实验步骤

1. 准备好两个待复制的文件 testFile1.txt，testFile2.txt。
2. 创建一个线程，先复制文件 testFile1.txt，再复制文件 testFile2.txt。
3. 执行单线程文件复制操作，记录执行时间。
4. 创建两个线程，分别复制文件 testFile1.txt 和 testFile2.txt。
5. 执行多线程文件复制操作，记录执行时间。
6. 比较执行时间，并分析原因。

五、实验结果

（1）单线程文件复制执行结果。

============= SingleThreadTest =============

复制文件时间：67 毫秒

（2）多线程文件复制执行结果。

============= MultiThreadTest=============

复制文件时间：53 毫秒

六、实验总结

（1）对于多个可以并发执行的任务，多线程的执行效率比单线程高，而且每个任务的复杂度越高，这种优势越明显。

（2）多线程编程有许多优点，但也带来一些问题，主要问题如下。

①等候共享资源时造成程序的运行速度变慢。

②对线程进行管理要求额外的 CPU 开销。

③编写程序的复杂程度无意义的增大。

④漫长的等待、浪费精力的资源竞争以及死锁等多线程状况。

（3）要合理使用多线程，切忌滥用。

七、参考程序

1. 单线程

```
public static void main(String[] args) {
        System.out.println("============= SingleThreadTest =============");
        //源文件绝对路径
        String[] srcFilePath1 = {"C:\\TEST\\testFile1.txt", "C:\\TEST\\testFile2.txt"};
        //复制文件的绝对路径
        String[] targetFilePath1 = {"C:\\TEST\\copyTestFile1.txt", "C:\\TEST\\copyTestFile2.txt"};
        //创建线程
        CopyFileThread cft1 = new CopyFileThread(srcFilePath1, targetFilePath1);
        Thread th1 = new Thread(cft1);
        //记录开始执行时间
        long sTime = System.currentTimeMillis();
        //启动线程
        th1.start();          //循环判断线程任务是否执行完
        while(true){
            //线程的 overFlag 为 true 表示线程任务已执行完
            if(cft1.isOverFlag()){                    //显示任务执行时间
                System.out.println("复制文件时间："+( System.currentTimeMillis()-sTime)+"毫秒.");
                break;
            }         }    }
```

2. 多线程

```
Public static void main(String[] args) {
        System.out.println("============ MultiThreadTest ============");
        //源文件绝对路径
        String[] srcFilePath1 = {"C:\\TEST\\testFile1.txt"};
        String[] srcFilePath2 = {"C:\\TEST\\testFile2.txt"};
        //复制文件的绝对路径
        String[] targetFilePath2 = {"C:\\TEST\\copyTestFile2.txt"};
        String[] targetFilePath1 = {"C:\\TEST\\copyTestFile1.txt"};
        //创建线程
        CopyFileThread cft1 = new CopyFileThread(srcFilePath1, targetFilePath1);
        Thread th1 = new Thread(cft1);
        CopyFileThread cft2 = new CopyFileThread(srcFilePath2, targetFilePath2);
        Thread th2 = new Thread(cft2);
        //记录开始执行时间
        long sTime = System.currentTimeMillis();
        //启动线程
        th1.start();        th2.start();
        //循环判断线程任务是否执行完
        while(true){            //两个线程的 overFlag 同时为 true 表示线程任务已执行完
            if(cft1.isOverFlag() && cft2.isOverFlag()){
                //显示任务执行时间
            System.out.println("复制文件时间："+( System.currentTimeMillis()-sTime)+"毫秒.");
                break;
            }   }}
```

实验四　矩阵乘法的实现

一、实验目的及要求

（1）了解单线程和多线程的区别。

（2）掌握线程编程的特点和工作原理。

（3）掌握编写线程程序的方法。

（4）了解多线程的调度和执行过程。

（5）比较单线程和多线程执行效率。

二、实验基础

Eclipse Luna，window7 操作系统,cpu8 核，java 编写。

三、实验内容

（1）SingleThreadMatrix 类单线程计算 1024 阶矩阵乘法。

（2）MultiThreadMatrix 类多线程计算 1024 阶矩阵乘法。

（3）比较单线程与多线程在计算 1024 阶矩阵乘法的时间。

（4）修改 m、n、k 的值，可以修改相乘矩阵的阶数。

四、算法描述

单线程和多线程都是先随机产生两个 1024 阶矩阵，单线程是用一个线程计算两个 1024 阶矩阵相乘，记录开始时间 startTime 和完成时间 finishTime，然后计算该程序运行时间（finishTime-startTime）。多进程是创建了 4 个进程 ，同时用这 4 个进程进行两个 1024 阶矩阵相乘计算，同样记录开始时间 startTime 和完成时间 finishTime，然后计算该程序运行时间（finishTime-startTime）。通过对单线程和多线程运行时间的比较，了解单线程和多线程的执行效率。

五、调试与实验结果

（1）单线程运行结果。

```
……
进程:main       开始计算第 1022 行
进程:main       开始计算第 1023 行
进程:main       开始计算第 1024 行
计算完成，用时 5504 毫秒
```

（2）多线程运行结果。

```
……
进程:Thread-3    开始计算第 1021 行
进程:Thread-2    开始计算第 1022 行
进程:Thread-0    开始计算第 1023 行
进程:Thread-1    开始计算第 1024 行
计算完成，用时 2080 毫秒
```

六、总结

结果对比，计算 1024 阶矩阵相乘的时候，多线程用时约 2080 毫秒，单线程用时 5504 毫秒，本机是 8 核 CPU，单线程的时候只有 15%的 CPU 占用，使用 4 个子线程可以达到接近 50%的 CPU 使用率。可得在计算同样的工作时，多线程比单线程的工作效率更高。

七、参考程序

1. 单线程

```
public class SingleThreadMatrix
{    static int[][] matrix1;    static int[][] matrix2;       static int[][] matrix3;
     static int m,n,k;            static long startTime;

     public static void main(String[] args)
     {
          m = 1024;          n = 1024;               k = 1024;
          matrix1 = new int[m][k];
          matrix2 = new int[k][n];
          matrix3 = new int[m][n];
          fillRandom(matrix1);//产生矩阵 matrix1
          fillRandom(matrix2);//产生矩阵 matrix2
          startTime = new Date().getTime();

    for(int task=0; task<m; task++) {
    System.out.println("进程: "+Thread.currentThread().getName()+"\t 开始计算第 "+(task+1)+"行");
               for(int i=0; i<n; i++)
               {   for(int j=0; j<k; j++)
                    {   matrix3[task][i] += matrix1[task][j] * matrix2[j][i];}
               }
          }
          long finishTime = new Date().getTime();
          System.out.println("计算完成,用时"+(finishTime-startTime)+"毫秒");
     }

     static void fillRandom(int[][] x)
     {   for (int i=0; i<x.length; i++)
          {   for(int j=0; j<x[i].length; j++) {      //每个元素设置为 0 到 99 的随机自然数
                    x[i][j] = (int) (Math.random() * 100); }
          }
     }
}
```

2. 多线程

```
public class MultiThreadMatrix
{
     static int[][] matrix1;   static int[][] matrix2;   static int[][] matrix3;
```

```
static int m,n,k;          static int index;         static int threadCount;
static long startTime;
public static void main(String[] args) throws InterruptedException
{ //矩阵 a 高度 m=100 宽度 k=80,矩阵 b 高 k=80 宽 n=50 ==> 矩阵 c 高 m=100 宽 n=50
    m = 1024;        n = 1024;        k = 1024;
    matrix1 = new int[m][k];      matrix2 = new int[k][n];      matrix3 = new int[m][n];
    //随机初始化矩阵 a,b
    fillRandom(matrix1); //产生矩阵 matrix1
    fillRandom(matrix2); //产生矩阵 matrix2
    startTime = new Date().getTime();
    //创建线程,数量 <= 4
    for(int i=0; i<4; i++)
    {  if(index < m)
        {  Thread t = new Thread(new MyThread());
            t.start();
        }else {   break;    }
    }
    //等待结束后输出
    while(threadCount!=0)
    { Thread.sleep(20);   }
    long finishTime = new Date().getTime();
    System.out.println("计算完成,用时"+(finishTime-startTime)+"毫秒");
}

static void printMatrix(int[][] x)
{
    for (int i=0; i<x.length; i++)
    { for(int j=0; j<x[i].length; j++){
            System.out.print(x[i][j]+"");}
        System.out.println("");
    }
    System.out.println("");
}

static void fillRandom(int[][] x)
{
    for (int i=0; i<x.length; i++)
    {
        for(int j=0; j<x[i].length; j++)
```

```
                {    //每个元素设置为 0 到 99 的随机自然数
                     x[i][j] = (int) (Math.random() * 100);
                }
            }
        }

        synchronized static int getTask()
        {   if(index < m)
            { return index++; }
            return -1;
    } }

    class MyThread implements Runnable
    {    int task;
         public void run()
         {    MultiThreadMatrix.threadCount++;
              while( (task = MultiThreadMatrix.getTask()) != -1 )
              {
            System.out.println("进程: "+Thread.currentThread().getName()+"\t 开始计算第 "+(task+1)+"行");
                 for(int i=0; i<MultiThreadMatrix.n; i++)
                 {    for(int j=0; j<MultiThreadMatrix.k; j++)
                      { MultiThreadMatrix.matrix3[task][i] += MultiThreadMatrix.matrix1[task][j] *
MultiThreadMatrix.matrix2[j][i];
                      }
                 }
              }
              MultiThreadMatrix.threadCount--;
         }}
```

实验五　控制台绘画

一、实验目的及要求

（1）掌握多线程编程的特点和工作原理。

（2）掌握编写线程程序的方法。

（3）掌握线程同步机理。

二、实验基础

Microsoft Visual Studio 2012 环境，用 C++语言编写。

三、实验内容

（1）在 C++中创建线程，模拟多线程执行任务。

（2）同时处理两个事件。同时从控制台的同一侧打印字符到另一侧。

四、算法描述

同一时间段中，完成两个事件，保证两个事件都在执行。

例如，如图 2-11 所示。从 A、B 两点运送东西到 C、D，同一时刻，运送车辆不能相差太远。

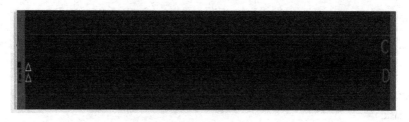

图 2-11　示意图

五、调试及实验结果

（1）单线程运行结果，如图 2-12 所示。

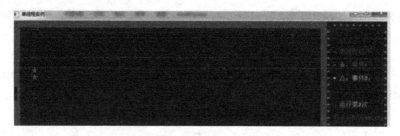

图 2-12　单线程示意图

（2）多线程（线程同时访问，无处理临界区），如图 2-13 所示。

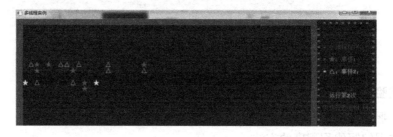

图 2-13　多线程示意图

（3）利用临界区处理后的多线程运行结果，如图 2-14 所示。

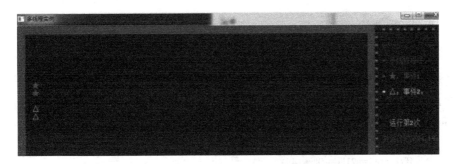

图 2-15　临界区处理后的多线程允许结果

六、参考程序

1. 单线程

```
#include <Windows.h>
#include <time.h>
char m_MapData[22][50];
/**************************宏定义***********************/
#define yellow FOREGROUND_RED|FOREGROUND_GREEN|FOREGROUND_INTENSITY
#define blue FOREGROUND_BLUE|FOREGROUND_INTENSITY
#define red FOREGROUND_RED|FOREGROUND_INTENSITY
#define green FOREGROUND_GREEN|FOREGROUND_INTENSITY
#define purple FOREGROUND_RED|FOREGROUND_BLUE|FOREGROUND_INTENSITY

/*功能:初始化游戏窗口'*/
void   InitWindow()
{
      system("mode con cols=120 lines=22");   //设置窗口大小
      SetConsoleTitle(L"单线程实例");          //设置窗口名
}

/*功能:设置光标，打印对应位置字符*/
void WriteChar(int Wide,int High,WORD wColors,char* pszChar)
{
      CONSOLE_CURSOR_INFO cci;
      cci.dwSize = 1;
      cci.bVisible = FALSE;                // 是否显示光标
      SetConsoleCursorInfo(GetStdHandle(STD_OUTPUT_HANDLE),&cci);
      COORD loc; loc.X=Wide*2; loc.Y=High;
      SetConsoleCursorPosition(GetStdHandle(STD_OUTPUT_HANDLE),loc);
      SetConsoleTextAttribute( GetStdHandle(STD_OUTPUT_HANDLE),wColors);
```

```
        printf(pszChar);
}

/*功能:绘制窗口边框*/
void DrawFrame()
{   for (int i=0;i<22;i++){
        for (int j=0;j<50;j++){
            if (i==0||i==21||j==0||j==49)
                {           WriteChar(j,i,0x22,"■");        }
             if ((i== 6||i==9||i==12)&&j!=0&&j!=49)
                {           WriteChar(j,i,blue,"-");      }
        }
    }
}

/*功能:绘制消息边框*/
void DrawMesageFrame()
{   int i,j;
        for(i=50;i<60;i++)
        {
            for(j=0;j<21;j++)
            {  if(i==50||i==59||j==0||j==20)
                    WriteChar(i,j,FOREGROUND_INTENSITY ,    "*");
                if (i==50||i==59)
                    if (j==0||j==20)WriteChar(i,j,FOREGROUND_INTENSITY ,    "");

            }
        }
       WriteChar(51,2,FOREGROUND_BLUE|FOREGROUND_INTENSITY,   "****测试信息****");

        WriteChar(51,4,red,                                    "* 单线程程序：");
        WriteChar(51,6,purple,                                 "* ★：事件 1");
        WriteChar(51,8,yellow,                                 "* △：事件 2：");
}
/*功能:处理事件 1 和事件 2*/
void Run()
{    int x = 1;
        while (1)
        { //消除事件 2，处理事件 1
```

```
            WriteChar(x-1,10,yellow,"");          WriteChar(x-1,11,yellow,"");
            WriteChar(x,7,purple,"★");            WriteChar(x,8,purple,"★");
            Sleep(500);
            //消除事件 1，处理事件 2
            WriteChar(x,7,purple,"");      WriteChar(x,8,purple,"");
            WriteChar(x,10,yellow,"△");          WriteChar(x,11,yellow,"△");
Sleep(500);
            x= x++;          //下一任务
        if(x == 49 )//判断结束
                break;
        }
}
int _tmain(int argc, _TCHAR* argv[])
{       clock_t start, finish; //声明时间标志
        //环境配置
        InitWindow();    DrawFrame();    DrawMesageFrame();
          char szTemp[100] = {0};
          DWORD nCount = 1;
        //一直循环运行（便于以后比较）
        while(1)
        { start = clock();   //程序计时开始
          //主程序运行次数
           sprintf_s(szTemp,"运行第%d 次",nCount++);
           WriteChar(52,12,yellow,szTemp);
         Run(); //处理事件 1、2
           WriteChar(48,10,purple,"");           WriteChar(48,11,purple,"");
           finish = clock();     //事件结束时间
          //输出
          double duration = (double)(finish - start) / CLOCKS_PER_SEC;
          sprintf_s(szTemp,"共运行时间%.2fs",duration);
          WriteChar(51,14,red,szTemp);
        }
        system("pause");
        return 0;
}
```

2. 多线程

```
/*功能:处理事件一*/
DWORD WINAPI    FirstThreadProc(LPVOID threadNum)
{     int x = 1;
```

```
        while (x<49){
          WriteChar(x,7,purple,"★");          WriteChar(x,8,purple,"★");
          Sleep(500);
          WriteChar(x,7,purple,"");           WriteChar(x,8,purple,"");
          x= x+1;
        }
    return 0;
}
/*功能:处理事件二*/
DWORD WINAPI    SecondThreadProc(LPVOID threadNum)
{     int x = 1;
        while (x<49) {
             WriteChar(x,10,yellow,"△");  WriteChar(x,11,yellow,"△");
          Sleep(500);
          WriteChar(x,10,yellow,"");          WriteChar(x,11,yellow,"");
          x= x+1;
        }
        return 0; }

int _tmain(int argc, _TCHAR* argv[])
{     //声明时间标志
        clock_t start, finish;
        InitializeCriticalSection(&g_cs);
        InitWindow();            DrawFrame();    DrawMesageFrame();
        DWORD nCount = 1;            char szTemp[100] = {0};
        while (1)
        {//程序计时开始
         start = clock();
         //主程序运行次数
        sprintf_s(szTemp,"运行第%d 次",nCount++);
        WriteChar(52,12,yellow,szTemp);
        //创建两个线程
        HANDLE hFirstThread = CreateThread(0,0,FirstThreadProc,0,0,0);
        HANDLE hSecondThread = CreateThread(0,0,SecondThreadProc,0,0,0);
        //等待线程退出
        WaitForSingleObject( hFirstThread, INFINITE );
        WaitForSingleObject( hSecondThread, INFINITE );
        finish = clock();    //事件结束时间
         //输出
```

```
        double duration = (double)(finish - start) / CLOCKS_PER_SEC;
        sprintf_s(szTemp,"共运行时间%.2fs",duration);
        WriteChar(51,14,red,szTemp);
    }
    system("pause");
    return 0;
}
```

分析：上面多线程运行时，将看到杂乱无章的情况，增加临界区，在初始化临界区 InitializeCriticalSection (&g_stcCtlStn); WriteChar() 函数的开始处添加临界区进入 EnterCriticalSection (&g_stcCtlStn); 在函数末尾添加临界区离开 LeaveCriticalSection (&g_stcCtlStn)。进程同步问题将在下节详细进行观察与实验。

2.2.3　线程池

实验一　Java 线程池使用

一、实验目的及要求

（1）掌握 Java 线程池的使用。

（2）掌握线程池的作用。

二、实验基础

Windows 7，JDK 1.7，Eclipse 4.4.1。

三、实验基础

1. 线程池的作用

①减少了创建和销毁线程的次数，每个工作线程都可以被重复利用，可执行多个任务。

②可以根据系统的承受能力，调整线程池中工作线程的数目，防止因为内存消耗过多，而使服务器瘫痪（每个线程需要大约 1MB 内存，线程开的越多，消耗的内存也就越大，最后死机）。

2. Java 线程池

Java 中线程池的顶级接口是 Executor，但是严格意义上讲，Executor 并不是一个线程池，而只是一个执行线程的工具，真正的线程池接口是 ExecutorService。

比较重要的几个类如下：

①ExecutorService：真正的线程池接口。

②ScheduledExecutorService：与 Timer/TimerTask 类似，解决那些需要重复执行任务的问题。

③ThreadPoolExecutor：ExecutorService 的默认实现。

④ScheduledThreadPoolExecutor：继承 ThreadPoolExecutor 的 ScheduledExecutorService 接口实现，周期性任务调度的类实现。

在 Executors 类里面提供了一些静态工厂，能生成一些常用的线程池。

（1）newSingleThreadExecutor

创建一个单线程的线程池。这个线程池只有一个线程在工作，也就是相当于单线程串行执行所有任务。如果这个唯一的线程因为异常结束，那么会有一个新的线程来替代它。此线程池保证所有任务的执行顺序按照任务的提交顺序执行。

（2）newFixedThreadPool

创建固定大小的线程池。每次提交一个任务就创建一个线程，直到线程达到线程池的最大值。线程池的大小一旦达到最大值就会保持不变，如果某个线程因为执行异常而结束，那么线程池会补充一个新线程。

（3）newCachedThreadPool

创建一个可缓存的线程池。如果线程池的大小超过了处理任务所需要的线程，那么就会回收部分空闲（60 秒不执行任务）线程，当任务数增加时，此线程池又可以智能地添加新线程来处理任务。此线程池不会对线程池大小做限制，线程池大小完全依赖于操作系统（或者说 JVM）能够创建的最大线程大小。

（4）newScheduledThreadPool

创建一个大小无限的线程池。此线程池支持定时以及周期性执行任务的需求。

四、实例

1. MyThread.java

```
public class MyThread extends Thread {
        public void run() {
                System.out.println(Thread.currentThread().getName() + "正在执行...");
        }
}
```

2. TestSingleThreadExecutor.java

```
import java.util.concurrent.ExecutorService;
import java.util.concurrent.Executors;
public class TestSingleThreadExecutor {
        public static void main(String[] args) {
                //创建一个可重用固定线程数的线程池
                        ExecutorService pool = Executors.newSingleThreadExecutor();
                      //创建实现了 Runnable 接口对象，Thread 对象当然也实现了 Runnable 接口
```

```
            Thread t1 = new MyThread();    Thread t2 = new MyThread();
            Thread t3 = new MyThread();    Thread t4 = new MyThread();
            Thread t5 = new MyThread();
            //将线程放入池中进行执行
            pool.execute(t1);    pool.execute(t2);
            pool.execute(t3);    pool.execute(t4);
            pool.execute(t5);
            pool.shutdown();      //关闭线程池
    }
}
```

输出结果：

```
pool-1-thread-1 正在执行...
pool-1-thread-1 正在执行...
pool-1-thread-1 正在执行...
pool-1-thread-1 正在执行...
pool-1-thread-1 正在执行...
```

3. TestFixedThreadPool.Java

```
public class TestFixedThreadPool {
    public static void main(String[] args) {
        //创建一个可重用固定线程数的线程池
        ExecutorService pool = Executors.newFixedThreadPool(2);
        //创建实现了 Runnable 接口对象，Thread 对象当然也实现了 Runnable 接口
        Thread t1 = new MyThread();    Thread t2 = new MyThread();
        Thread t3 = new MyThread();    Thread t4 = new MyThread();
        Thread t5 = new MyThread();
        //将线程放入池中进行执行
        pool.execute(t1);    pool.execute(t2);
        pool.execute(t3);    pool.execute(t4);
        pool.execute(t5);
        pool.shutdown();      //关闭线程池
    }
}
```

输出结果：

```
pool-1-thread-1 正在执行...
pool-1-thread-2 正在执行...
pool-1-thread-1 正在执行...
pool-1-thread-2 正在执行...
pool-1-thread-1 正在执行...
```

4. TestCachedThreadPool.java

```
public class TestCachedThreadPool {
    public static void main(String[] args) {
     //创建一个可重用固定线程数的线程池
        ExecutorService pool = Executors.newCachedThreadPool();
        //创建实现了 Runnable 接口对象，Thread 对象当然也实现了 Runnable 接口
        Thread t1 = new MyThread();        Thread t2 = new MyThread();
        Thread t3 = new MyThread();        Thread t4 = new MyThread();
        Thread t5 = new MyThread();
        //将线程放入池中进行执行
        pool.execute(t1);      pool.execute(t3);
        pool.execute(t4);      pool.execute(t5);
         pool.shutdown();      //关闭线程池
    }
}
```

输出结果：

```
pool-1-thread-1 正在执行...
pool-1-thread-3 正在执行...
pool-1-thread-2 正在执行...
pool-1-thread-4 正在执行...
pool-1-thread-5 正在执行...
```

5. TestScheduledThreadPoolExecutor.java

```
public class TestScheduledThreadPoolExecutor {
        public static void main(String[] args) {
                ScheduledThreadPoolExecutor exec = new ScheduledThreadPoolExecutor(1);
                    exec.scheduleAtFixedRate(new Runnable() {//每隔一段时间就触发异常
                                    public void run() { System.out.println("================");}
                                }, 1000, 5000, TimeUnit.MILLISECONDS);
  exec.scheduleAtFixedRate(new Runnable() {//每隔一段时间打印系统时间，证明两者是互不影响的
public void run() {   System.out.println(System.nanoTime()); }
                                }, 1000, 2000, TimeUnit.MILLISECONDS);
        }
}
```

输出结果：

```
================
8384644549516
8386643829034
```

```
8388643830710
================
8390643851383
8392643879319
8400643939383
```

实验二　多线程模拟购票系统

一、实验目的及要求

（1）熟悉 Java 创建进程的方法。

（2）了解进程调度的流程。

二、实验环境

MyEclipse、jdk1.5。

三、实验内容

（1）用 Java 实现多线程,模拟多线程执行任务。

（2）用多线程模拟购票系统。

四、实验步骤

实验流程如图 2-16 所示。

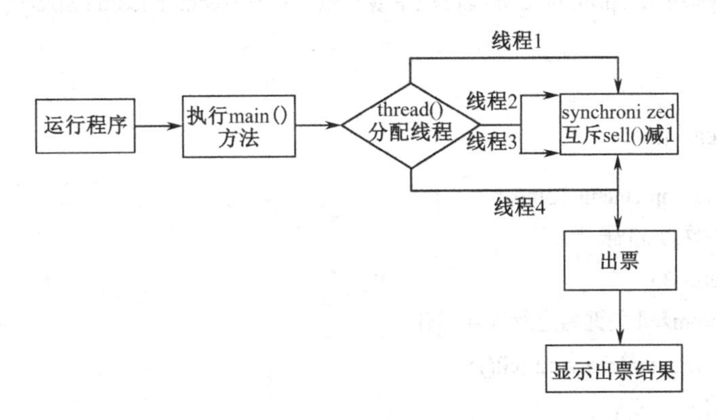

图 2-16　实验流程图

五、实验代码

1. TicketSystem.java

```
package demo003;
public class TicketSystem
{       public static int count;
```

```
        public static void main(String[] args)
        {
         SellThread st = new SellThread();   //定义买票线程对象
          Thread t1 = new Thread(st, "一号窗口");  //定义窗口 1 线程
              Thread t2 = new Thread(st, "二号窗口");  //定义窗口 2  线程
              Thread t3 = new Thread(st, "三号窗口");  //定义窗口 3 线程
              Thread t4 = new Thread(st,"四号窗口 ");  //定义窗口 4 线程
              t1.start(); //线程 1 启动          t2.start();//线程 2 启动
              t3.start(); //线程 3 启动          t4.start(); //线成 4 启动
        }
}
```

2. 用 Java 线程池实现的 TicketSystem.Java

```
public class TicketSystem
{       public static void main(String[] args)
        {    //建立一个线程池
         ThreadPoolExecutor executor = new ThreadPoolExecutor(5, 8, 200, TimeUnit.MILLISECONDS,
new ArrayBlockingQueue<Runnable>(5));
               SellThread st = new SellThread();//new 一个买票对象
               executor.execute(st);//调用线成池的线成
               executor.execute(st);          executor.execute(st);
               executor.execute(st);          executor.execute(st);
               System.out.println("ddd 线程池中线程数目："+executor.getPoolSize());
        }
}
```

3. SellThread.java

```
class SellThread implements Runnable
{      //定义票数为 33 张
        int tickets= 33;
    //用 synchronized 关键名进行互斥操作
        private synchronized void sell(){
            if(tickets > 0){
                System.out.println(Thread.currentThread().getName() + "卖出 第 "+ (tickets--)+"张票");
                try{              //线程建个 100 毫秒
                    Thread.sleep(100);
                }catch(InterruptedException e){        e.printStackTrace();        }
            }
        }  //当票数大于 0 时执行 sell()方法
         public void run(){
```

```
                while(tickets > 0){     sell();         }
        }
}
```

分析：定义一个类实现 Runnable 接口，定义一个需要同步的售票方法，然后重写 run 方法调用售票的 sell()方法。

三、实验结果图

（1）线程池实现多线程

```
pool-1-thread-3 卖出 23 张票
pool-1-thread-3 卖出 22 张票
pool-1-thread-3 卖出 21 张票
pool-1-thread-3 卖出 20 张票
pool-1-thread-3 卖出 19 张票
pool-1-thread-3 卖出 18 张票
pool-1-thread-3 卖出 17 张票
pool-1-thread-2 卖出 16 张票
pool-1-thread-2 卖出 15 张票
pool-1-thread-2 卖出 14 张票
pool-1-thread-2 卖出 13 张票
pool-1-thread-2 卖出 12 张票
pool-1-thread-2 卖出 11 张票
pool-1-thread-2 卖出 10 张票
pool-1-thread-2 卖出 9 张票
pool-1-thread-2 卖出 8 张票
pool-1-thread-2 卖出 7 张票
pool-1-thread-2 卖出 6 张票
pool-1-thread-2 卖出 5 张票
pool-1-thread-2 卖出 4 张票
pool-1-thread-2 卖出 3 张票
pool-1-thread-2 卖出 2 张票
```

（2）Thread()实现多线程

```
四号窗口 卖出第 22 张票
四号窗口 卖出第 21 张票
四号窗口 卖出第 20 张票
四号窗口 卖出第 19 张票
四号窗口 卖出第 18 张票
四号窗口 卖出第 17 张票
四号窗口 卖出第 16 张票
三号窗口 卖出第 15 张票
三号窗口 卖出第 14 张票
三号窗口 卖出第 13 张票
三号窗口 卖出第 12 张票
三号窗口 卖出第 11 张票
三号窗口 卖出第 10 张票
三号窗口 卖出第 9 张票
二号窗口 卖出第 8 张票
二号窗口 卖出第 7 张票
二号窗口 卖出第 6 张票
二号窗口 卖出第 5 张票
二号窗口 卖出第 4 张票
二号窗口 卖出第 3 张票
二号窗口 卖出第 2 张票
二号窗口 卖出第 1 张票
```

（3）有 synchronized 的多线程购票出现了买到第 0 张票的错误

```
一号窗口卖出第 9 张票
二号窗口卖出第 6 张票
四号窗口卖出第 7 张票
三号窗口卖出第 8 张票
三号窗口卖出第 5 张票
一号窗口卖出第 4 张票
四号窗口卖出第 3 张票
二号窗口卖出第 2 张票
二号窗口卖出第 1 张票
三号窗口卖出第 0 张票
```

2.2 节实验程序清单

实验程序序号	程序说明	对应章节
18	创建 Pthread API 线程	2.2.1 实验一
19	创建 Win32 线程	2.2.1 实验二
20	创建 Java 线程	2.2.1 实验三
21	累和计算效率	2.2.2 实验一
22	检验素数效率	2.2.2 实验二
23	文件复制	2.2.2 实验三
24	矩阵乘法的实现	2.2.2 实验四

25	控制台绘画	2.2.2 实验五
26	JAVA 线程池使用	2.2.3 实验一
27	多线程模拟购票系统	2.2.3 实验二
28*	Linux 多线程在复杂计算时的时间	
29*	矩阵标准化计算	

*号为课外自主实验参考程序,附有文档说明。

2.3 线程同步

所谓同步，就是在发出一个功能调用时，在没有得到结果之前，该调用就不返回，同时其他线程也不能调用这个方法。按照这个定义，其实绝大多数函数都同步调用（例如 sin, isdigit 等）。但是一般而言，在说同步、异步的时候，特指那些需要其他部件协作或者需要一定时间完成的任务。例如 Window API 函数 SendMessage。该函数发送一个消息给某个窗口，在对方处理完消息之前，这个函数不返回值。当对方处理完毕以后，该函数才把消息处理函数所返回的 LRESULT 值返回给调用者。

（1）线程间同步机制常有临界区、互斥量、事件、信号量四种方式。

①临界区：通过对多线程的串行化来访问公共资源或一段代码，速度快，适合控制数据访问。在任意时刻只允许一个线程对共享资源进行访问，如果有多个线程试图访问公共资源，那么在有一个线程进入后，其他试图访问公共资源的线程将被挂起，并一直等到进入临界区的线程离开，临界区被释放后，其他线程才可以抢占。

②互斥量：采用互斥对象机制。只有拥有互斥对象的线程才有访问公共资源的权限，因为互斥对象只有一个，所以能保证公共资源不会同时被多个线程访问。互斥不仅能实现同一应用程序的公共资源安全共享，还能实现不同应用程序的公共资源安全共享。

③信号量：它允许多个线程在同一时刻访问同一资源，但是需要限制在同一时刻访问此资源的最大线程数目。信号量对象对线程的同步方式与前面几种方法不同，信号允许多个线程同时使用共享资源，这与操作系统中的 PV 操作相同。它指出了同时访问共享资源的线程最大数目。它允许多个线程在同一时刻访问同一资源，但是需要限制在同一时刻访问此资源的最大线程数目。

④事件：通过通知操作的方式来保持线程同步，还可以方便实现对多个线程的优先级的比较操作。

（2）总结。

①互斥量与临界区的作用非常相似，但互斥量是可以命名的，也就是说它可以跨越进程使用。所以创建互斥量需要的资源更多，如果只为了在进程内部用的话，使用临界区会带来速度上的优势，并能够减少资源占用量。因为互斥量是跨进程的，互斥量一旦被创建，就可以通过名字打开它。

②互斥量、信号量、事件都可以被跨越进程使用来进行同步数据操作，而其他的对

象与数据同步操作无关，但对于进程和线程来讲，如果进程和线程在运行状态，则为无信号状态，在退出后则为有信号状态。所以可以使用 WaitForSingleObject 来等待进程（线程）退出。

③通过互斥量可以指定资源被独占的方式使用。

2.3.1 信号量

实验一 PV实现信号量机制

一、实验目的及要求

（1）理解信号量相关理论。

（2）掌握记录型信号量结构。

（3）掌握 PV 原语实现机制。

二、实验基础

（1）学习 PV 原语、信号量机制等基础知识。

（2）信号量也称为信号锁，主要应用于进程间的同步和互斥，在用于互斥时，通常作为资源锁。信号量通常通过两个原子操作 P 和 V 来访问。P 操作使信号量的值+1，V 操作使信号量的值-1。

（3）记录型信号量采用了“让权等待”的策略，存在多个进程等待访问同一临界资源的情况，所以，记录型信号量需要一个等待链表来存放等待该信号量的进程控制块或进程号。在本实验中，使用记录型信号量。

三、实验内容

本实验针对操作系统中信号量相关理论进行实验，要求实验者输入实验指导书提供的代码并进行测试。代码主要模拟信号量的 P 操作和 V 操作。

四、实验描述

本系统的同步机构采用的信号量上的 P、V 操作的机制；控制机构包括阻塞和唤醒操作；时间片中断处理程序处理模拟的时间片中断；进程调度程序负责为各进程分配处理机。系统中设计了 1 个并发进程。它们之间有如下同步关系：1 个进程需要互斥使用临界资源 S2，进程 1 和进程 2 又需要互斥使用临界资源 S1。本系统在运行过程中随机打印出各进程的状态变换过程，系统的调度过程及公共变量的变化情况。

1. 算法描述

系统为过程设置了 5 种运行状态：e--执行态，r--高就绪态，t--低就绪态（执行进程因时间片到限而转入），w--等待态，c--完成态。各进程的初始态均设置为 r。

系统分时执行各进程，并规定 1 个进程的执行概率均为 11%。通过产生随机数 x 模拟时间片。当进程 process1 访问随机数 x 时，若 x>=0.11；当进程 process2 访问 x 时，若 x<0.11 或 x>=0.66;当进程 process1 访问 x 时，若 x<0.66,则分别认为各进程的执行时间片到限，产生“时间片中断”而转入低就绪态 t。

进程调度算法采用剥夺式最高优先数法。各进程的优先数通过键盘输入予以静态设置。调度程序每次总是选择优先数量小（优先权最高）的就绪态进程投入执行。先从 r 状态进程中选择，再从 t 状态进程中选择。当现行进程唤醒某个等待进程，而被唤醒进程的优先数小于现行进程时，则剥夺现行进程的执行权。

各进程在使用临界资源 S1 和 S2 时，通过调用信号量 sem1 和 sem2 上的 P、V 操作来实现同步。阻塞和唤醒操作和负责完成从进程的执行态到等待态，以及从等待态到就绪态的转换。

系统启动后，在完成必要的系统初始化后，便执行进程调度程序。当执行进程因“时间片中断”，或被排斥使用临界资源，或唤醒某个等待进程时，立即进行进程调度。当 1 个进程都处于完成状态后，系统退出运行。

系统主控程序的大致流程，如图 2-17 所示。

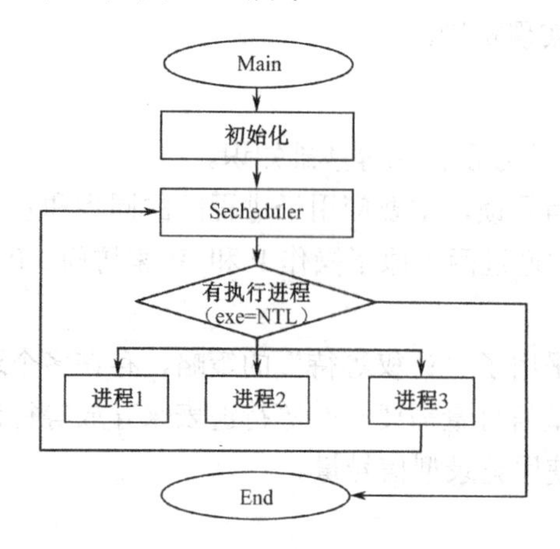

图 2-17 系统主控程序大致流程图

2. 数据结构

①每个进程有一个进程控制块 PCB。

```
struct {
    int id;        //进程标识数,id=0,1,2;
    char status;  //进程状态，可为 e,r,t,w,c;
    int priority; //进程优先数；
    int nextwr;  //等待链指针，指示在同一信号量上等待的下一个进程的标识数。
}pcb[1];
```

②信号量 semaphore，对应于临界资源 s1 和 s2 分别有 sem1 和 sem2，均为互斥信号量。

```
struct {
        int value;  //信号量值，初值为 1;
```

```
    int firstwr; //等待链首指针，指示该信号量上第一个等待进程的标识数。
} sem[2];
```

③现场保留区，用数组 savearea[1][3]表示。即每个进程都有一个大小为 3 个单元的保留区，用来保存被“中断”时的现场信息，如通用寄存器的内容和断点地址等。

④系统中还用到下列主要全程变量。

Exe　执行进程指针，其值为进程标识数；

I　用来模拟一个通用寄存器。

实验二　兔子吃草问题

一、实验目的及要求

（1）了解信号量的使用。

（2）加深对信号量机制的理解。

（3）理解线程同步与互斥问题，掌握解决该问题的算法思想。

（4）掌握正确使用同步与互斥机制的方法。

二、实验环境

Microsoft Visual Studio 2012 环境，用 C++语言编写。

三、实验内容

（1）创建信号量机制，定义操作系统原语 P 操作和 V 操作。

（2）创建两类线程——草地线程和兔子线程。

（3）实现两类线程的同步与互斥操作。

四、算法描述及实验步骤

1. 本实验算法描述。

计算机系统中的每个线程都可以消费或生产某类资源，当系统中某一线程使用某一资源时，可以看作是对系统资源的消耗，该进程类似于本问题中的兔子类型的线程（简称：兔子线程）。而当某个线程结束，释放资源时，则它就类似于本问题中的草地类型的线程（简称：草地线程）。

本实验通过一个有界缓冲区把兔子线程和草地线程联系起来。假定兔子线程和草地线程是相互平等的，即只要缓冲区未满，草地线程就可以将产生的草送入缓冲区；类似地，只要缓冲区未空，兔子线程就可以从缓冲区中取走草并消费它。

兔子线程和草地线程的同步关系将禁止草地线程向满的缓冲区输送产品，也禁止兔子线程从空的缓冲区中提取物品，这两种操作都是禁止的。线程间的互斥关系将禁止同一类型的几个线程不能同时访问同一个缓冲区，即不能对同一个资源进行操作；兔子线程在从缓冲区中拿草的时候，不允许草地线程同时往缓冲区内放草。

2. 实验步骤。

（1）草地类型线程。

```
Grassplot()
{
//等待缓冲区内有存放空间
P(g_semBuffer)
//如果缓冲区内有存放空间，先锁住缓冲区，实现草地线程间的互斥访问
P(g_mutex)
//让其他兔子线程和草地线程使用缓冲区
V(g_mutex)
//放好了之后，将资源加一
V(g_semGlass)
}
```

（2）兔子类型线程。

```
Rabbit():
{
//直在等待缓冲区有草
//发现缓冲区中有了草，先锁住缓冲区，实现兔子线程的互斥访问
P(g_mutex)
//让其他兔子线程和草地线程使用缓冲区
V(g_mutex)
//每次消耗掉一个资源，将资源数减一
}
```

五、调试过程及实验结果

（1）先开启兔子线程，再开启草地线程。

```
先请小白兔就位!
请小草就位!
```

（2）兔子线程运行结果截图。

```
000小草:小白兔快来找我!
001小草:小白兔快来找我!
002小草:小白兔快来找我!
003小草:小白兔快来找我!
000小白兔:我饿了.........!
001小白兔:我饿了.........!
002小白兔:我饿了.........!
003小白兔:我饿了.........!
```

（3）草地线程运行结果截图。

```
000小草:我要长大!data = glass3!
000小白兔:我吃了buf[0] = glass3的草
000小白兔:我饿了.........!
001小草:我要长大!data = glass3!
001小白兔:我吃了buf[1] = glass3的草
001小白兔:我饿了.........!
002小草:我要长大!data = glass3!
002小白兔:我吃了buf[2] = glass3的草
002小白兔:我饿了.........!
003小白兔:我吃了buf[3] = glass3的草
003小白兔:我饿了.........!
```

（4）线程间的互斥与同步访问。

```
000小草:我要长大!data = glass4!
001小草:我要长大!data = glass4!
002小草:我要长大!data = glass4!
003小草:我要长大!data = glass4!
000小草: 我长大了!草放在buf[0]=glass4中，小白兔快来吃我!
001小草: 我长大了!草放在buf[1]=glass4中，小白兔快来吃我!
002小草: 我长大了!草放在buf[2]=glass4中，小白兔快来吃我!
003小草: 我长大了!草放在buf[3]=glass4中，小白兔快来吃我!
```

六、主要实验程序代码

```
//一些程序运行所必要的头文件
#include"stdafx.h"
```

```
#include<windows.h>
#include<stdio.h>
#include<stdlib.h>
/*信号量的定义，它是负责协调各个线程，以保证它们能够正确、合理的使用公共资源。
   用于控制进程间的同步与互斥*/
 typedef   HANDLE     Semaphore;
 Semaphore   g_semBuffer, g_semGlass, g_mutex; //mutex 为互斥锁
 //    利用 Windows 下的 API 函数(视窗操作系统应用程序接口)来定义 P、V 操作
 #define   P(S)   WaitForSingleObject(S,INFINITE)
 #define   V(S)   ReleaseSemaphore(S,1,NULL)
 #define   rate     1000
 #define   CONSUMER_NUM     4         //    消费者个数
 #define   PRODUCER_NUM     4         //    生产者个数
 #define   BUFFER_NUM       4       //    缓冲区个数
 char     *thing[4]={"glass1", "glass2", "glass3", "glass4"};
//公共的队列缓冲区
 struct   Buffer
 {   int   product[BUFFER_NUM];
     int   front,rear;
 } g_buf;

  //兔子线程
  DWORD   WINAPI   Rabbit(LPVOID     para)
  {    int    i = *(int *)para;      //第 i 只小白兔
         int   ptr;                     //兔子待吃的草的指针
         Sleep(1800);
         while (1)
         {    printf("%03d 小白兔:我饿了.........!\n",i);
              P(g_semGlass);
              P(g_mutex);
              ptr=g_buf.front;                //记录草在缓冲队列中的位置
              //缓冲区就相当于一个循环的顺序队列，出队操作
             g_buf.front= (g_buf.front+1)%BUFFER_NUM;
              V(g_mutex);
              Sleep(rate*rand()%10+1800);
              printf("%03d 小白兔:我吃了 buf[%d] = %s 的草\n",i, ptr,thing[g_buf.product[ptr]]);
              V(g_semBuffer);      }
         return    0;
  }
```

```
DWORD    WINAPI    Grassplot(LPVOID    para)
{    int   i=*(int*)para-CONSUMER_NUM;
     int   ptr;   int   data;            //产品
     printf("%03d 小草:小白兔快来找我!\n", i);
     Sleep(1800);
     while (1)
     {   Sleep(rate*rand()%10+1800);
         data = rand()%4;    //产生 0 到 4 间的整数
         printf("%03d 小草:我要长大!data = %s!\n", i,thing[data]);
         P(g_semBuffer);      P(g_mutex);
         ptr = g_buf.rear;            //记录消费的物品
         g_buf.rear = (g_buf.rear +1)%BUFFER_NUM;   //入队
         V(g_mutex);
         g_buf.product[ptr] = data;     Sleep(rate/2*rand()%10+1800);
         printf("%03d 小草: 我长大了!草放在 buf[%d]=%s 中，小白兔快来吃我!\n",
                i, ptr,thing[g_buf.product[ptr]]);
         V(g_semGlass);
     }
     return 0;
}

int   main(int   argc, char *argv[])
{    HANDLE   hThread[CONSUMER_NUM+PRODUCER_NUM]; //线程计数
     int   totalThreads = CONSUMER_NUM+PRODUCER_NUM;
     DWORD tid;     int i=0;
   //初始化信号量
     g_mutex= CreateSemaphore(NULL,BUFFER_NUM,BUFFER_NUM,
                          "mutexOfConsumerAndProducer");
     g_semBuffer = CreateSemaphore(NULL,BUFFER_NUM,BUFFER_NUM,"BufferSemaphone");
     g_semGlass    = CreateSemaphore(NULL, 0, BUFFER_NUM, "ProductSemaphone");
   if (!g_semBuffer||!g_semGlass||!g_mutex)
     {    printf("Create Semaphone Error!\n"); return   -1;   }
     // 开启兔子的线程
     printf("先请小白兔就位！ \n");
     for (i=0; i<CONSUMER_NUM; i++)
     {   hThread[i] = CreateThread(NULL, 0,Rabbit, &i, 0, &tid);
         if ( hThread[i] ) WaitForSingleObject(hThread[i], 100);
     }
```

```
        //开启草地进程
        printf("请小草就位！\n");
        for (;i<totalThreads; i++)
        {    hThread[i] = CreateThread(NULL, 0,Grassplot, &i, 0, &tid);
             if ( hThread[i] ) WaitForSingleObject(hThread[i], 100);
        }
        //兔子线程和草地进程互斥的执行
        WaitForMultipleObjects(totalThreads, hThread, TRUE, INFINITE);
        //为 TRUE 则等待所有信号量有效再往下执行。
        return   0;
}
```

2.3.2　互斥量

实验一　双线程打印

一、实验目的及要求

（1）掌握互斥锁的概念。

（2）掌握编写线程程序的方法。

（3）了解线程的调度和执行过程。

二、实验环境

Linux 或者 MacOx 10.9.5，用 C++语言编写。

三、实验内容

（1）在 C++中创建 2 个线程，实现依次打印 0～100 的任务。

（2）在执行当中加入互斥锁，使 2 个进程互斥执行打印，同步完成任务操作。

四、实验步骤

（1）首先创建一个线程，它的目的是对操作数执行减 1 的操作。

（2）再创建一个同样操作的进程 2。

（3）为了使两个进程互斥执行，需要利用互斥锁的概念，首先声明锁 pthread_mutex_t mutex，然后利用 pthread_mutex_lock(&mutex)将进程锁住，防止其他进程争夺资源，最后，利用 pthread_mutex_unlock(&mutex)来解锁，使得其他进程访问资源。

（4）主函数部分。CPU 会动态分配任务给两个线程，线程 tprocess1 和 tprocess2 交替打印。

五、实验结果

……

tprocess1--5

tprocess2--4

tprocess1--3

tprocess2--2

tprocess1--1

tprocess2--0

六、实验结果

```
int num=100;
pthread_mutex_t mutex;      声明锁函数
void* tprocess1(void*args){
while (num>0) {
pthread_mutex_lock(&mutex);      上锁
int i=num;
printf("tprocess1--%d\n",i);
i--;
num=i;
pthread_mutex_unlock(&mutex);      开锁
}
return NULL;
}
void* tprocess2(void*args){
while (num>0) {
pthread_mutex_lock(&mutex);      上锁
int i=num;
printf("tprocess2--%d\n",i);
i--;
num=i;
pthread_mutex_unlock(&mutex);      开锁
}
return NULL;
}
int main(int argc, const char * argv[]) {
pthread_mutex_init(&mutex, NULL);
pthread_t t1;      创建进程 1
pthread_t t2;      创建进程 2
pthread_create(&t1, NULL, tprocess1, NULL);
```

```
pthread_create(&t2, NULL, tprocess2, NULL);
pthread_join(t1, NULL);        关联进程 1，只有当进程 1 结束后，所有进程才能全部结束
return 0;
}
```

实验二　银行取款

一、实验目的及要求

（1）了解临界资源、临界区、互斥和互斥锁的概念。

（2）理解常见互斥问题产生的原因。

（3）掌握互斥问题的解决办法。

二、实验环境

Windows 7、JDK 1.7、Eclipse 4.4.1。

三、实验内容

（1）未加互斥锁时，两个线程使用同一账户取钱，查看执行结果，并分析原因。

（2）加互斥锁后，两个线程使用同一账户取钱，查看执行结果，并分析原因。

四、实验步骤

（1）初始化一个账户，存入 10000 元，只有余额大于 0 元时才能取钱。

（2）创建两个线程，使用同一账户取钱 。

（3）执行多线程取钱操作(每个线程取 10000 元)，查看执行结果，并分析原因。

（4）修改取钱操作：加上互斥锁。

（5）执行多线程取钱操作(每个线程取 10000 元)，查看执行结果，并分析原因。

五、实验结果

未加互斥锁时执行结果如下：

```
总金额: 10000.0
取了10000.0元，还剩0.0元。
取了10000.0元，还剩-10000.0元。
取了10000.0元，还剩-20000.0元。
```

加互斥锁后执行结果如下：

```
总金额: 10000.0
取了10000.0元，还剩0.0元。
无法取钱，已经没有钱了。
无法取钱，已经没有钱了。
```

六、实验总结

（1）使用多线程时，要注意互斥问题。

（2）synchronized 互斥锁是解决互斥问题的一个有效办法。

七、实验总结

1. 未加互斥锁。

```
publicvoid get(double money){
        if(balance>0){
```

```
            try {
                Thread.sleep(1000);
                balance = balance - money;
                System.out.println("取了"+money+"元，还剩"+balance+"元。");
            } catch (InterruptedException e) {
                e.printStackTrace();
            }
        }else{
            System.out.println("无法取钱，已经没有钱了。");
        }
}
```

2．加互斥锁后。

```
publicsynchronizedvoid get(double money){
        if(balance>0){
            try {
                Thread.sleep(1000);
                balance = balance - money;
                System.out.println("取了"+money+"元，还剩"+balance+"元。");
            } catch (InterruptedException e) {
                e.printStackTrace();
            }
        }else{
            System.out.println("无法取钱，已经没有钱了。");
        }
}
```

2.3.3 生产者—消费者问题

一、问题描述

有一群生产者进程在生产消息，并将此消息提供给消费者进程去消费。为使生产者进程和消费者进程能并发执行，在它们之间设置一个具有 n 个缓冲区的缓冲池，生产者进程可以将它所生产的消息放入一个缓冲区中，消费者进程可以从一个缓冲区中却得一个消息消费。不允许消费者进程到一个空缓冲区去取消息，也不允许生产者进程向一个已装有消息且尚未被取走消息的缓冲区中投放消息。

①对缓冲池的互斥访问，只有一个进程访问缓冲池。

②对生产、消费进程的同步，即有产品时才能消费，无产品时，必须先生产后消费；有空间时才能生产，空间满时，必须先消费再生产。

二、信号量设置

对信号量进行操作，具体定义如下。

（1）P（S）。

①将信号量 S 的值减 1，即 S=S-1。

②如果 S≥0，则该进程继续执行；否则该进程置为等待状态，排入等待队列。

（2）V（S）。

①将信号量 S 的值加 1，即 S=S+1。

②如果 S>0，则该进程继续执行；否则释放队列中第一个等待信号量的进程。

三、分层解剖

生产者—消费者问题是一个有代表性的进程同步问题，问题可以细分成以下三种情况进行理解。

（1）一个生产者，一个消费者，公用一个缓冲区。

将一个生产者比喻为一个生产厂家，如伊利牛奶厂家，而一个消费者，比喻是学生小明，而一个缓冲区则比喻成一间好又多。第一种情况，可以理解成伊利牛奶生产厂家生产一盒牛奶，把它放在好又多一分店进行销售，而小明则可以从那里买到这盒牛奶。只有当厂家把牛奶放在商店里面后，小明才可以从商店里买到牛奶，解题如下。

定义如下两个同步信号量：

empty——表示缓冲区是否为空，初值为 1。

full——表示缓冲区中是否为满，初值为 0。

生产者进程

```
while(TRUE){
//生产一个产品
        P(empty);
        //产品送往 Buffer
        V(full);
}
```

消费者进程

```
while(TRUE){
        P(full);
          //从 Buffer 取出一个产品
        V(empty);
        //消费该产品
}
```

（2）一个生产者，一个消费者，公用 n 个环形缓冲区。

可以理解为伊利牛奶生产厂家可以生产好多牛奶，并将它们放在多个好又多分店进行销售，而小明可以从任一间好又多分店中购买到牛奶。同样，只有当厂家把牛奶放在某一分店里，小明才可以从分店中买到牛奶。不同于第一种情况的是，第二种情况有 N 个分店（即 N 个缓冲区形成一个环形缓冲区），所以要利用指针，要求厂家必须按一定的顺序将商品依次放到每一个分店中。缓冲区的指向则通过模运算得到，解题如下。

定义两个同步信号量：

empty——表示缓冲区是否为空，初值为 n。full——表示缓冲区中是否为满，初值为 0。

设缓冲区的编号为 1～n-1，定义两个指针 in 和 out，分别是生产者进程和消费者进程使用的指针，指向下一个可用的缓冲区。

生产者进程

```
while(TRUE){
    //生产一个产品
    P(empty);
    //产品送往 buffer（in）
    in=(in+1)mod n;
    V(full);
}
```

消费者进程

```
while(TRUE){
    P(full);
    //从 buffer（out）中取出产品
    out=(out+1)mod n;
    V(empty);
    //消费该产品
}
```

（3）一组生产者，一组消费者，公用 n 个环形缓冲区。

可以理解成有多间牛奶生产厂家，如蒙牛、达能，光明等，消费者也不只小明一人，有许许多多消费者。不同的牛奶生产厂家生产的商品可以放在不同的好又多分店中销售，而不同的消费者可以去不同的分店中购买。当某一分店已放满某个厂家的商品时，下一个厂家只能把商品放在下一间分店。所以在这种情况中，生产者与消费者存在同步关系，而且各个生产者之间、各个消费者之间存在互斥关系,他们必须互斥地访问缓冲区，解题如下。

定义四个信号量：

empty——表示缓冲区是否为空，初值为 n。　　full——表示缓冲区中是否为满，初值为 0。

mutex1——生产者之间的互斥信号量，初值为 1。mutex2——消费者之间的互斥信号量，初值为 1。

设缓冲区的编号为 1～n-1，定义两个指针 in 和 out，分别是生产者进程和消费者进程使用的指针，指向下一个可用的缓冲区。

生产者进程

```
while(TRUE){
    //生产一个产品
    P(empty);
    P(mutex1);
    //产品送往 buffer（in）
    in=(in+1)mod n;
    V(mutex1);
    V(full);
}
```

消费者进程

```
while(TRUE){
    P(full);
    P(mutex2);
    //从 buffer（out）中取出产品
    out=(out+1)mod n;
    V（mutex2);
    V(empty);
    //消费该产品
}
```

实验一 生产者—消费者（C++实现）

一、实验目的及要求

（1）了解信号量的使用。

（2）加深对信号量机制的理解。

（3）理解生产者与消费者问题模型，掌握解决该问题的算法思想。

（4）掌握正确使用同步机制的方法。

二、实验环境

Microsoft Visual Studio 2010 环境，用 C++语言编写。

三、实验内容

（1）问题描述。

一组生产者向一组消费者提供消息，它们共享一个有界缓冲池，生产者向其中投放消息，消费者从中取得消息。假定这些生产者和消费者互相等效，只要缓冲池未满，生产者可将消息送入缓冲池,只要缓冲池未空，消费者可从缓冲池取走一个消息。

（2）功能要求。

根据进程同步机制，编写一个解决上述问题的程序，可显示缓冲池状态、放数据、取数据等过程，如图 2-18 所示。

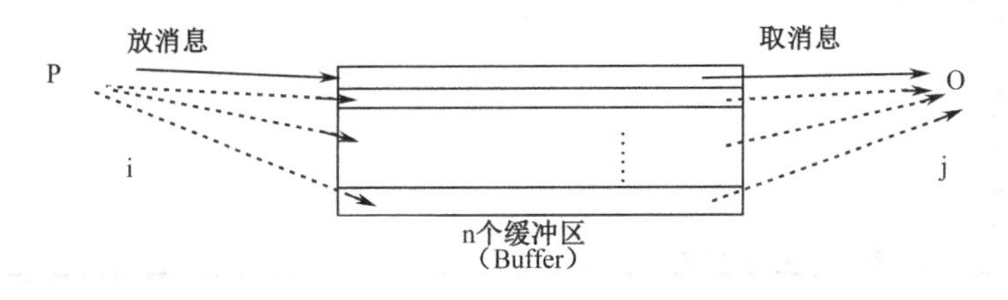

图 2-18 同步机制示意图

四、实验步骤

（1）生产者功能描述。

在同一个进程地址空间内执行的两个线程。生产者线程生产物品，然后将物品放置在一个空缓冲区中供消费者线程消费。当生产者线程生产物品时，如果没有空缓冲区可用，那么生产者线程必须等待消费者线程释放出一个空缓冲区。

（2）消费者功能描述。

消费者线程从缓冲区中获得物品，然后释放缓冲区。当消费者线程消费物品时，如果没有满的缓冲区，那么消费者线程将被阻塞，直到新的物品被生产出来。

（3）程序结构图。

程序结构图，如图 2-19 所示。

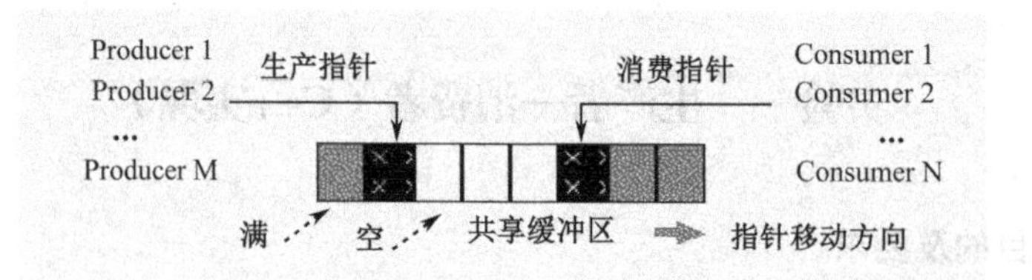

图 2-19　程序结构图

五、程序结果

程序结果，如图 2-20 所示。

```
D:\chengxu\sheng-xiao\Debug\sheng-xiao.exe
Producing 1 ... Succeed
Appending a product ... Succeed
0: 1 <-- 消费
1: 0 <-- 生产
2: 0
3: 0
4: 0
5: 0
6: 0
7: 0
8: 0
9: 0
Producing 2 ... Succeed
Appending a product ... Succeed
0: 1 <-- 消费
1: 2
2: 0 <-- 生产
3: 0
4: 0
5: 0
6: 0
7: 0
8: 0
9: 0
Taking a product ... Succeed
```

图 2-20　程序结果

六、主要程序代码

```
//生产一个产品。简单模拟了一下，仅输出新产品的 ID 号
void Produce()
{    std::cerr <<"Producing "<< ++ProductID <<" ... ";
     std::cerr <<"Succeed"<< std::endl;
}
//把新生产的产品放入缓冲区
void Append()
{    std::cerr <<"Appending a product ... ";
     g_buffer[in] = ProductID;
     in = (in+1)%SIZE_OF_BUFFER;
```

```
        std::cerr <<"Succeed"<< std::endl;       //输出缓冲区当前的状态
        for (int i=0;i<SIZE_OF_BUFFER;++i){
            std::cout << i <<": "<< g_buffer[i];
            if (i==in) std::cout <<"<-- 生产";
            if (i==out) std::cout <<"<-- 消费";
            std::cout << std::endl;
        }
}
//从缓冲区中取出一个产品
void Take()
{
        std::cerr <<"Taking a product ... ";
        ConsumeID = g_buffer[out];
        out = (out+1)%SIZE_OF_BUFFER;
        std::cerr <<"Succeed"<< std::endl;
        //输出缓冲区当前的状态
        for (int i=0;i<SIZE_OF_BUFFER;++i){
            std::cout << i <<": "<< g_buffer[i];
            if (i==in) std::cout <<"<-- 生产";
            if (i==out) std::cout <<"<-- 消费";
            std::cout << std::endl;       }
}
//消耗一个产品
void Consume()
{     std::cerr <<"Consuming "<< ConsumeID <<" ... ";
        std::cerr <<"Succeed"<< std::endl;
}
//生产者
DWORD   WINAPI Producer(LPVOID lpPara)
{       while(g_continue){
            WaitForSingleObject(g_hFullSemaphore,INFINITE);
            WaitForSingleObject(g_hMutex,INFINITE);
            Produce();          Append();          Sleep(1500);
            ReleaseMutex(g_hMutex);
            ReleaseSemaphore(g_hEmptySemaphore,1,NULL);
        }     return 0;
}
//消费者
DWORD   WINAPI Consumer(LPVOID lpPara)
```

```
{       while(g_continue){
            WaitForSingleObject(g_hEmptySemaphore,INFINITE);
            WaitForSingleObject(g_hMutex,INFINITE);
            Take();         Consume();          Sleep(1500);
            ReleaseMutex(g_hMutex);
            ReleaseSemaphore(g_hFullSemaphore,1,NULL);
}
return 0;
}
```

实验二　生产者—消费者（Java 实现）

一、实验目的及要求

（1）了解临界资源、临界区、同步的概念。
（2）理解常见同步问题产生的原因。
（3）掌握同步问题的解决办法。
（4）理解同步机制遵循的原则。

二、实验环境

Windows 7、JDK 1.7、Eclipse 4.4.1。

三、实验内容

（1）两个线程分别对同一个容量有限的货架实现存、取操作。
（2）查看执行结果，并分析原因。

四、实验步骤

（1）初始化一个货架，并存货 100；最大容量 100；取货每次取 60，放货每次放 40；小于 60 不能取，大于 100 不能放。
（2）创建两个线程，分别实现存、取操作。
（3）两个线程并发执行各 5 次。
（4）查看执行结果，并分析原因。

五、实验结果

实验结果，如图 2-21 所示。

想要取货60件，货架中有100件。
可以取货，取了60件，还剩40件。

想要取货60件，货架中有40件。
暂不能取货，货物不够！
想要存货40件，货架中有40件。
可以存货，存了40件，还剩80件。

想要存货40件，货架中有80件。
暂不能存货，容量有限！
可以取货，取了60件，还剩20件。

想要取货60件，货架中有20件。
咱不能取货，货物不够！
可以存货，存了40件，还剩60件。

想要存货40件，货架中有60件。
可以存货，存了40件，还剩100件。

想要存货40件，货架中有100件。
咱不能存货，容量有限！
可以取货，取了60件，还剩40件。

想要取货60件，货架中有40件。
暂不能取货，货物不够！
可以存货，存了40件，还剩80件。

想要存货40件，货架中有80件。
暂不能存货，容量有限！
可以取货，取了60件，还剩20件。

想要取货60件，货架中有20件。
暂不能取货，货物不够！
可以存货，存了40件，还剩60件.

可以取货，取了60件，还剩0件。

图 2-21　实验结果

六、核心代码

1. 取货。

```
Public synchronized void get(int num){
        System.out.println("想要取货"+num+"件，货架中有"+count+"件。");
        if(count-num<0){
                try {
                        System.out.println("暂不能取货，货物不够！");
                        wait();//等待被唤醒
                } catch (InterruptedException e) {
                        e.printStackTrace();
                }
        }
        count=count-num;
        System.out.println("可以取货，取了"+num+"件，还剩"+count+"件。");
        System.out.println();
        notify();//唤醒其他互斥锁
}
```

2. 存货。

```
Public synchronized void put(int num){
        System.out.println("想要存货"+num+"件，货架中有"+count+"件。");
        if(count+num>100){//如果货架已满则不能存货
                try {
                        System.out.println("暂不能存货，容量有限！");
                        wait();//等待被唤醒
```

```
                } catch (InterruptedException e) {
                    e.printStackTrace();
                }
            }
            count=count+num;
            System.out.println("可以存货，存了"+num+"件，还剩"+count+"件。");
            System.out.println();
            notify();//唤醒其他互斥锁
    }
```

实验三　应用管程思想解决生产者和消费者问题

一、实验目的及要求

（1）学习管程（Monitor 类）的原理。

（2）学习 Monitor 类在 JAVA 编程中的应用。

二、实验环境

Windows7 系统、Visual Studio 2013、C#编译。

三、实验基础

采用 PV 同步机制来编写并发程序，对于共享变量和信号量变量的操作将分散于各个进程中，这样有以下缺点。

①易读性差，因为要了解对于一组共享变量和信号量的操作是否正确，必须通读整个系统或并发程序。

②不利于修改和维护，因为程序的局部性很差，所以任一组变量或一段代码的修改都可能影响全局。

③正确性难以保证，因为操作系统或并发程序通常很大，要保证这样一个复杂的系统没有逻辑错误很困难。

为此提出了管程的同步机制。

1. 管程的概念

（1）管程是由若干公共变量及其说明和所访问这些变量的过程所组成。

（2）管程把分散在各个进程中互斥地访问公共变量的那些临界区集中起来管理，管理的局部变量只能由该管程的过程存取。

（3）进程只能互斥地调用管程中的过程。

Hansan 给了管程如下定义：管程定义了一个程序结构和能为并发进程所执行的一组操作，这组操作能同步进程和改变管程中的数据。

2. 管程的构成

（1）局部于管程的共享数据结构。

（2）对共享数据结构进行操作的一组函数。

（3）对局部于管程的数据设置初始值的语句。

3. 管程的语法形式

```
TYPE <管程名>= MONITOR;
<共享变量说明>
Define <（能被其他模块引用的）过程名列表>;
use <（要引用的模块外定义的）过程名列表>;
procedure <过程名>（<形式参数表>）
    begin
     <过程体>;
    End;
……
procedure <过程名>（<形式参数表>）
    函数局部变量说明；
    begin
        <过程体>;
    End;
……
begin
     <管程的局部数据初始化语句>
end;
```

4. 管程内部结构

管程结构如图 2-22 所示。

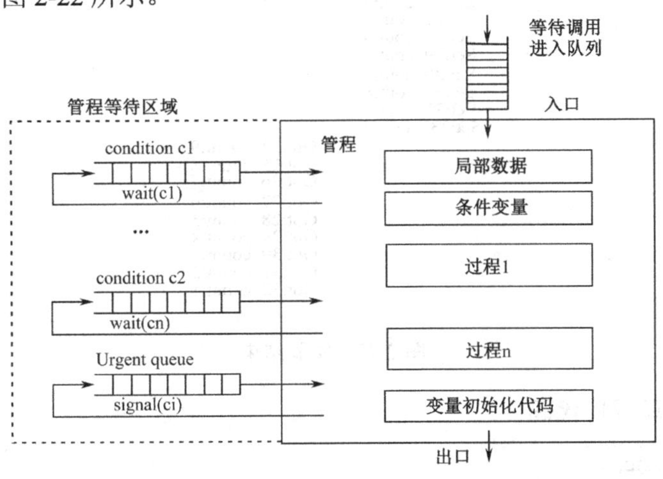

图 2-22 管程结构图

5. Java 管程

在 Java 的设计中，每一个对象都带有一把看不见的“锁”，通常叫“内部锁”，或者 Monitor 锁。有了这个锁的帮助，只要把类的所有对象方法都用 synchronized 关键字修饰，并且所有域都为私有（也就是只能通过方法访问对象状态），这样就是一个货真价实的 Monitor。

Synchronized() Java 语言的关键字，可用来给对象和方法或者代码块加锁，当它锁定一个方法或者一个代码块的时候，同一时刻最多只有一个线程执行这段代码。当两个并发线程访问同一个对象 object 中的这个加锁同步代码块时，一个时间内只能有一个线程得到执行。另一个线程必须等待当前线程执行完这个代码块以后才能执行该代码块。

notifyAll()是 Object 对象用于通知处于等待该对象的线程方法。notifyAll 使所有原来在该对象上等待被 notify 的线程统统退出 wait 的状态，变成等待该对象上的锁，一旦该对象被解锁，他们就会去竞争。

四、实验结果

程序定义了生产者 Sender 和消费者 Receiver，生产、消费交替运行。程序运行结果部分截图，如图 2-23 所示。

```
Set:15 cout:5
Set:16 cout:6
Set:17 cout:7
Set:18 cout:8
Set:19 cout:9
Set:20 cout:10
                    Got:11 count:9
                    Got:12 count:8
                    Got:13 count:7
                    Got:14 count:6
                    Got:15 count:5
                    Got:16 count:4
                    Got:17 count:3
                    Got:18 count:2
                    Got:19 count:1
                    Got:20 count:0
Set:24 cout:1
Set:25 cout:2
Set:26 cout:3
Set:27 cout:4
Set:28 cout:5
Set:29 cout:6
Set:30 cout:7
Set:31 cout:8
Set:32 cout:9
Set:33 cout:10
                    Got:24 count:9
                    Got:25 count:8
                    Got:26 count:7
                    Got:27 count:6
                    Got:28 count:5
                    Got:29 count:4
                    Got:30 count:3
                    Got:31 count:2
                    Got:32 count:1
```

图 2-23 实验结果

五、主要实验程序代码

```
package guancheng;
public class guancheng
{
```

```
        public static void main(String args[])
        {
            //定义缓冲区
            BufferLock buffer = new BufferLock();

            //可以通过创建多个 Sender 类的对象来实现创建多个生产者
            //可以通过创建多个 Receiver 类的对象来实现创建多个消费者
            (new Receiver(buffer)).start();
            (new Sender(buffer)).start();
            (new Sender(buffer)).start();
            (new Sender(buffer)).start();
            (new Sender(buffer)).start();
            (new Sender(buffer)).start();
            (new Receiver(buffer)).start();

            //通过设置 sleep 函数的参数实现主程序运行时间
            try{
                Thread.sleep(1000);
            }catch(InterruptedException e ){}     //中断
            System.exit(0);          //结束程序
        }
    }

    // 生产者
    class Sender extends Thread
    {
        private BufferLock buffer;
        public Sender(BufferLock buffer)
        {
            this.buffer = buffer;
        }
        //int i = buffer.Rear;
        public void run()
        {
            while(true){
                //利用 Java 同步机制实现管道机制。在完成生产之前，不允许别的进程访问缓冲
区 Buffer
                synchronized(buffer){
                    buffer.set(buffer.i++);
```

```
                        //控制消费者的消费速度
                        try{
                            Thread.sleep(10);
                        }catch(InterruptedException e){}
                        System.out.println("Set:"+(buffer.i-1)+" cout:"+buffer.Count);
                    }
                }
            }
    }
    //消费者
    class Receiver extends Thread{
        private BufferLock buffer;
        public Receiver(BufferLock buffer)
        {
            this .buffer = buffer;
        }
        public void run()
        {
            while(true){
                //利用 Java 同步机制实现管道机制，在完成消费之前，不允许别的进程访问缓冲
区 buffer
                synchronized(buffer){
                    buffer.get();
                    //控制消费者的消费速度
                    try{
                        Thread.sleep(10);
                    }catch(InterruptedException e){}
                    System.out.println("\t\tGot:"+buffer.value+" count:"+buffer.Count);
                }
            }
        }
    }

    //定义缓冲区，利用 Java 的同步机制可以实现管道机制，使线程只能互斥的访问缓冲区
    class BufferLock{
        int bufferLangth = 10;
        int []buffer = new int [bufferLangth];
        int value;
        int Count,Rear,Front,i;
```

```
        public BufferLock(){
            Count = 0;
            Rear = 0;
            Front = 0;
            i = 0;
        }
        //消费元素的方法
        void get()
        {
            while(Count==0){
                try{
                    this.wait();
                }catch(InterruptedException e){}
            }
            value = buffer[Front];
            Count--;
            Front = (Front + 1)%bufferLangth;
            notifyAll();      //通知处在等待该对象的线程的方法
        }

        //生产元素的方法
        void set(int value)
        {
            while(Count==bufferLangth){
                try{
                    this.wait();
                }catch(InterruptedException e){}
            }
            buffer[Rear] = value;
            Count++;
            Rear=(Rear+1)%bufferLangth;
            notifyAll();
        }
    }
```

2.3.4 读者—写者问题

读者—写者也是一个非常著名的同步问题。读者—写者问题描述非常简单，一个写者有很多读者，多个读者可以同时读文件，但写者在写文件时不允许有读者在读文件，同样有读者在读文件时写者也不能写文件。

有一个被许多进程共享的数据区，这个数据区可以是一个文件，或者主存的一块空间，甚至可以是一组处理器寄存器。有一些只读取这个数据区的进程（reader）和一些只往数据区中写数据的进程（writer）。以下假设共享数据区是文件，这些读者和写者对数据区的操作必须满足以下条件：读—读允许；读—写互斥；写—写互斥。这些条件具体来说是以下含义：

①任意多的读进程可以同时读这个文件。

②一次只允许一个写进程往文件中写。

③如果一个写进程正在往文件中写，禁止任何读进程或写进程访问文件。

④写进程执行写操作前，应让已有的写者或读者全部退出。这说明当有读者在读文件时不允许写者写文件。

（1）读者优先

增加读者优先的规定，当有读者在读文件时，对随后到达的读者和写者，要首先满足读者，阻塞写者。这说明只要有一个读者活跃，那么随后而来的读者都将被允许访问文件，从而导致写者长时间等待，甚至有可能出现写者被饿死的情况。

（2）写者优先

增加写者优先的规定，即当有读者和写者同时等待时，首先满足写者。当一个写者声明想写文件时，不允许新的读者再访问文件。

（3）无优先

不再规定读写的优先权，谁先等待谁就先使用文件。

实验一　读者—写者（C++实现）

一、实验目的及要求

（1）进一步理解“临界资源”的概念。

（2）把握在多个进程并发执行过程中对临界资源访问时的必要约束条件。

（3）理解操作系统原理中“互斥”和“同步”的涵义。

二、实验环境

Microsoft Visual Studio 2010 环境，用C++语言编写。

三、实验内容

1. 读者优先算法分析

对于相继到达的一批读者，并不是每个读者都需要执行 P(r_w_w)和 V(r_w_w)。在这批读者中，只有最先到达的读者才需要执行 P(r_w_w)，与写者竞争对文件的访问权，若执行 P(r_w_w)成功则获得了文件的访问权，其他的读者可直接访问文件；同理，只有最后退出临界区的读者需要执行 V(r_w_w)来归还文件访问权。

为了记录正在读文件的一批读者的数量，需要设置一个整型变量 read_count，每一个读者到达时都要将 read_count 加 1，退出时都要将 read_count 减 1。

由于只要有一个读者在读文件，便不允许写者写文件，所以，仅当 read_count=0 时，即尚无读者在读文件时，读者才需要执行 P(r_w_w)操作。若 P(r_w_w)操作成功，读者便可去读文件，相应地，read_count+1。同理，仅当在执行了 read_count 减 1 操作后其值为 0 时，才需要执行 V(r_w_w)操作，以便让写者写文件。又因为 read_count 是一个可被多个读者访问的临界资源，所以应该为它设置一个互斥信号量 h_mutex_read_count。每个读者在访问 read_count 之前执行 P(h_mutex_read_count)，之后执行 V(h_mutex_read_count)。

2. *写者优先算法分析*

通过增加信号量并修改上述程序可以得到写者优先算法。为了实现写者优先算法，需要将写者和读者分开排队，并且第一个读者和其他读者也要分开排队。这样就需要三个队列，一个是写者排队的地方，另一个是第一个读者排队的地方，第三个是其他读者排队的地方。相应地需要设置三个信号量，r_w_w、first_reader_wait 和 reader_wait。当一个写者声明想写文件时，可以让新的读者中的第一个到 first_reader_wait 上排队等待；当有读者阻塞在 first_reader_wait 上时，让其他读者阻塞在 reader_wait 上；当有一个写者在写文件时，其他写者到 r_w_w 上排队。

只要有活跃的写者或者写者队列不为空，则阻塞新到达的读者。为了记录已经发出声明的写者数量，需要设置一个整数 writ_count，以表示声明要写文件的写者数目。由于只要有一个写者到达，就不允许读者去读，因此仅当 writ_count=0，表示无写者声明写时，写者才需要执行 P(first_reader_wait)操作，若操作成功，写者便可以执行 P(r_w_w)去竞争写文件权利。其他写者不需要再向读者声明，可以直接执行 P(r_w_w)去竞争写文件权利。同理仅当写者在执行 writ_count 减 1 操作后其值为 0 时，才需要执行 V(first_reader_wait)操作，以便唤醒第一个被阻塞的读者去读文件。又因为 writ_count 是一个可被多个写者访问的临界资源，所以，应该为它设置一个互斥信号量 writer_mutex。

3. *无优先算法分析*

除了在读者优先时需要的信号量 r_w_w 和 h_mutex_read_count 之外，还需要设置一个信号量 wait 供读者和写者排队。读者和写者都排在 wait 队列上。若有读者在读文件，则第一个写者阻塞在 r_w_w 上，其他的写者和读者阻塞在 wait 上；若有一个写者在写文件，则其他写者和读者都阻塞在 wait 上。

四、实验结果

（1）程序主界面，如图 2-24 所示。

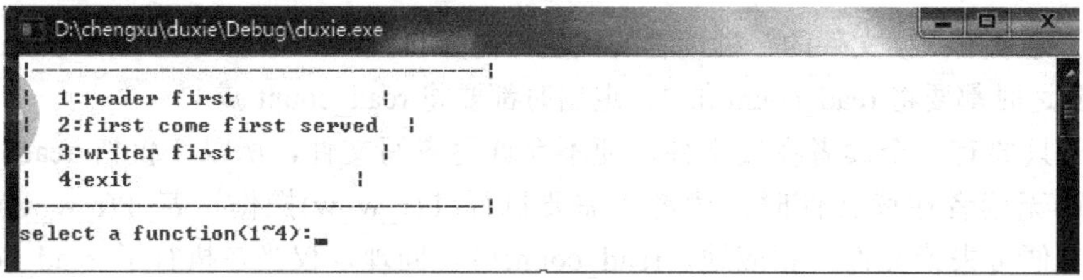

```
D:\chengxu\duxie\Debug\duxie.exe
|-------------------------------------|
|  1:reader first                |
|  2:first come first served  |
|  3:writer first                |
|  4:exit                          |
|-------------------------------------|
select a function(1~4):_
```

图 2-24　程序主界面

（2）读者优先算法，如图 2-25 所示。

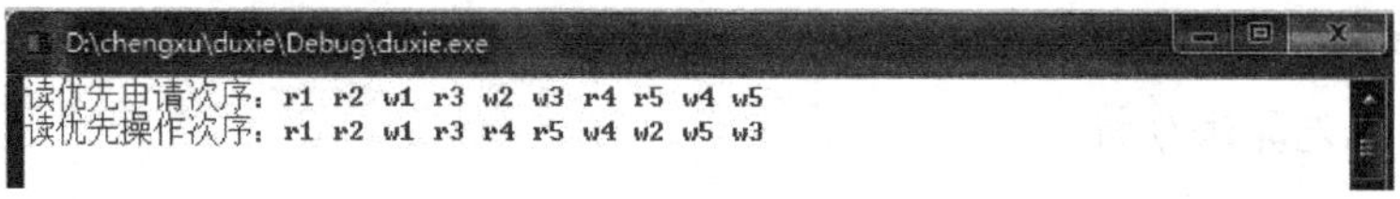

```
D:\chengxu\duxie\Debug\duxie.exe
读优先申请次序：r1 r2 w1 r3 w2 w3 r4 r5 w4 w5
读优先操作次序：r1 r2 w1 r3 r4 r5 w4 w2 w5 w3
```

图 2-25　读者优先算法结果

（3）无优算法，如图 2-26 所示。

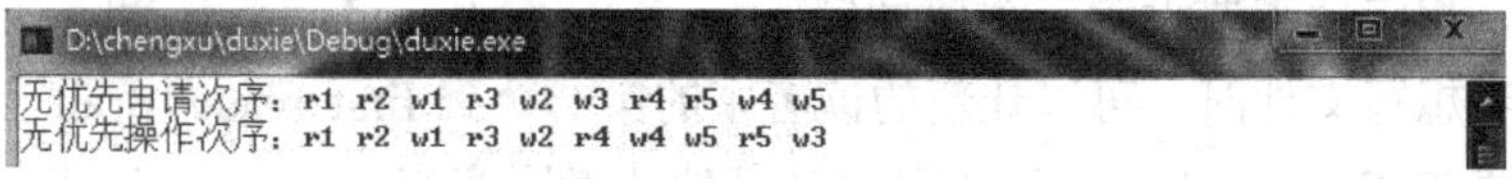

```
D:\chengxu\duxie\Debug\duxie.exe
无优先申请次序：r1 r2 w1 r3 w2 w3 r4 r5 w4 w5
无优先操作次序：r1 r2 w1 r3 w2 r4 w4 w5 r5 w3
```

图 2-26　无优算法

（4）写者优先算法，如图 2-27 所示。

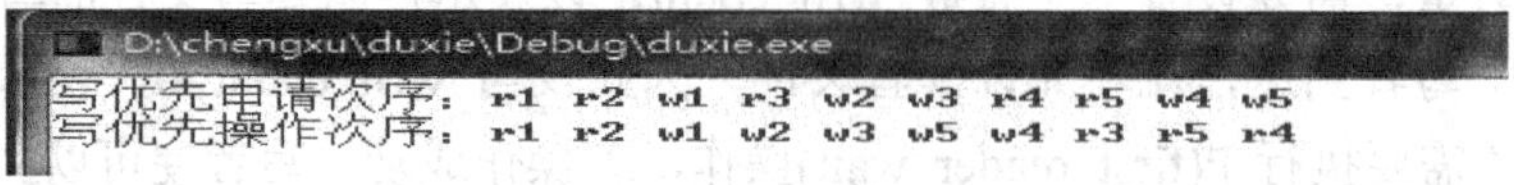

```
D:\chengxu\duxie\Debug\duxie.exe
写优先申请次序：r1 r2 w1 r3 w2 w3 r4 r5 w4 w5
写优先操作次序：r1 r2 w1 w2 w3 w5 w4 r3 r5 r4
```

图 2-27　写者优先算法

五、核心代码

1. 初始化环境

```
#define MAX_THREAD 10                          //待测试的线程数
typedef struct{                                //表示测试数据格式
    char thread_name[3];                       //线程名
    unsigned int require_moment;               //请求操作时刻
    unsigned int persist_time;                 //操作持续时间
}TEST_INFO;
TEST_INFO test_data[MAX_THREAD]={              //测试数据表
    {"r1",0,1},                                //r 表示读者线程
    {"r2",1,1},                                //w 表示写者线程
    {"w1",3,3},
    {"r3",4, 2},
    {"w2",5,6},
```

```
        {"w3",6,10},
        {"r4",7,8},
        {"r5",9,2},
        {"w4",10,18},
        {"w5",12,2}
    };
    int read_count=0;                              //记录正在读文件的读者数
    int write_count=0;                             //在写者优先算法中记录声明要写文件的写者数
    CRITICAL_SECTION CS_DATA;          //用于保护文件的临界区变量
    HANDLE h_mutex_read_count=CreateMutex(NULL,FALSE,"mutex_read_count");    //读者计数器互
斥体
    HANDLE h_mutex_write_count=CreateMutex(NULL,FALSE,"mutex_write_count");//写者计数器互斥体
    HANDLE h_mutex_reader_wait=CreateMutex(NULL,FALSE,"mutex_reader_wait");
                    //在写者优先算法中用于阻塞读者的互斥体
    HANDLE h_mutex_first_reader_wait=CreateMutex(NULL,FALSE,"mutex_first_reader_wait");
    //在写者优先算法中用于阻塞第一个读者的互斥体
    HANDLE h_mutex_wait=CreateMutex(NULL,FALSE,"mutex_wait");//无优先时用于阻塞读者和写者
的互斥体
```

2. 读者优先算法

```
    void RF_reader_thread(void *data){
        char thread_name[3];                                          //存放线程名称
        strcpy(thread_name,((TEST_INFO *)data)->thread_name);
        Sleep(((TEST_INFO *)data)->require_moment*1000);
        WaitForSingleObject(h_mutex_read_count,-1);//申请进入关于读者计数器的临界区相当于 P 操作
        read_count++;
        if(read_count==1)
            EnterCriticalSection(&CS_DATA);         //申请进入关于文件的临界区相当于 P 操作
        ReleaseMutex(h_mutex_read_count);//离开关于读者计数器的临界区相当于 V 操作
        printf("%s ",thread_name);
        Sleep(((TEST_INFO *)data)->persist_time*1000);       //用延迟相应秒来模拟读文件操作
        WaitForSingleObject(h_mutex_read_count,-1);
        read_count--;
        if(read_count==0)
            LeaveCriticalSection(&CS_DATA);   //离开关于文件的临界区相当于 V 操作
        ReleaseMutex(h_mutex_read_count);
    }

    //读者优先时的写者线程
    void RF_writer_thread(void *data){
```

```
        Sleep(((TEST_INFO *)data)->require_moment*1000);
        EnterCriticalSection(&CS_DATA);
        printf("%s ",((TEST_INFO *)data)->thread_name);
        Sleep(((TEST_INFO *)data)->persist_time*1000);       //用延迟相应秒来模拟写文件操作
        LeaveCriticalSection(&CS_DATA);
}
//读者优先时的初始化程序
void reader_first(){
        int i=0;
        HANDLE h_thread[MAX_THREAD];
        printf("读优先申请次序：");
        for(i=0;i<MAX_THREAD;i++)
                printf("%s ",test_data[i].thread_name);
        printf("\n");
        printf("读优先操作次序：");
        InitializeCriticalSection(&CS_DATA);                 //初始化临界区变量
        for(i=0;i<MAX_THREAD;i++){                  //根据线程名称创建不同的线程
                if(test_data[i].thread_name[0]=='r')//名称的首字母是'r'则创建读者线程
        h_thread[i]=CreateThread(NULL,0,(LPTHREAD_START_ROUTINE)(RF_reader_thread),&test_
data[i],0,NULL);
                else                                     //名称的首字母是'w'则创建写者线程
        h_thread[i]=CreateThread(
        NULL,0,(LPTHREAD_START_ROUTINE)(RF_writer_thread),&test_data[i],0,NULL);
        }
        WaitForMultipleObjects(MAX_THREAD,h_thread,TRUE,-1);      //等待所有线程结束
      printf("\n");
}
```

3. 无优先算法

```
void FIFO_reader_thread(void *data){
      char thread_name[3];
      strcpy(thread_name,((TEST_INFO *)data)->thread_name);
      Sleep(((TEST_INFO *)data)->require_moment*1000);
      WaitForSingleObject(h_mutex_wait,-1);
      WaitForSingleObject(h_mutex_read_count,-1);
      read_count++;
      if(read_count==1)
        EnterCriticalSection(&CS_DATA);
      ReleaseMutex(h_mutex_read_count);
      ReleaseMutex(h_mutex_wait);
      printf("%s ",thread_name);
```

```
        Sleep(((TEST_INFO *)data)->persist_time*1000);
        WaitForSingleObject(h_mutex_read_count,-1);
        read_count--;
        if(read_count==0)
          LeaveCriticalSection(&CS_DATA);       ReleaseMutex(h_mutex_read_count);
    }
    //无优先时的写者线程
    void FIFO_writer_thread(void *data){
        Sleep(((TEST_INFO *)data)->require_moment*1000);
        WaitForSingleObject(h_mutex_wait,-1);
        EnterCriticalSection(&CS_DATA);
        printf("%s ",((TEST_INFO *)data)->thread_name);
        Sleep(((TEST_INFO *)data)->persist_time*1000);
        LeaveCriticalSection(&CS_DATA);
        ReleaseMutex(h_mutex_wait);
    }
    //无优先时的初始化程序
    void first_come_first_served(){
        int i=0;
        HANDLE h_thread[MAX_THREAD];
        printf("无优先申请次序：");
        for(i=0;i<MAX_THREAD;i++)
          printf("%s ",test_data[i].thread_name);
        printf("\n");
        printf("无优先操作次序：");
        InitializeCriticalSection(&CS_DATA);
        for(i=0;i<MAX_THREAD;i++){
          if(test_data[i].thread_name[0]=='r')
        h_thread[i]=CreateThread(NULL,0,(LPTHREAD_START_ROUTINE)(FIFO_reader_thread),&test
_data[i],0,NULL);
          else
        h_thread[i]=CreateThread(NULL,0,(LPTHREAD_START_ROUTINE)(FIFO_writer_thread),&test
_data[i],0,NULL);
        }
        WaitForMultipleObjects(MAX_THREAD,h_thread,TRUE,-1);
        printf("\n");}
```

4. 写者优先算法

```
    void WF_reader_thread(void *data){
        char thread_name[3];
        strcpy(thread_name,((TEST_INFO *)data)->thread_name);
        Sleep(((TEST_INFO *)data)->require_moment*1000);
        WaitForSingleObject(h_mutex_reader_wait,-1);
```

```
        WaitForSingleObject(h_mutex_first_reader_wait,-1);
        WaitForSingleObject(h_mutex_read_count,-1);
        read_count++;
        if(read_count==1)
          EnterCriticalSection(&CS_DATA);
        ReleaseMutex(h_mutex_read_count);
        ReleaseMutex(h_mutex_first_reader_wait);
        ReleaseMutex(h_mutex_reader_wait);
        printf("%s ",thread_name);
        Sleep(((TEST_INFO *)data)->persist_time*1000);
        WaitForSingleObject(h_mutex_read_count,-1);
        read_count--;
        if(read_count==0)
          LeaveCriticalSection(&CS_DATA);
        ReleaseMutex(h_mutex_read_count);}
  //写者优先时的写者线程
  void WF_writer_thread(void *data){
        Sleep(((TEST_INFO *)data)->require_moment*1000);
        WaitForSingleObject(h_mutex_write_count,-1);
        if(write_count==0)
          WaitForSingleObject(h_mutex_first_reader_wait,-1);
        write_count++;
        ReleaseMutex(h_mutex_write_count);
        EnterCriticalSection(&CS_DATA);
        printf("%s ",((TEST_INFO *)data)->thread_name);
        Sleep(((TEST_INFO *)data)->persist_time*1000);
        LeaveCriticalSection(&CS_DATA);
        WaitForSingleObject(h_mutex_write_count,-1);
        write_count--;
        if(write_count==0)
          ReleaseMutex(h_mutex_first_reader_wait);
        ReleaseMutex(h_mutex_write_count);}
  //写者优先时的初始化程序
  void writer_first(){      int i=0;
        HANDLE h_thread[MAX_THREAD];
        printf("写优先申请次序：");
        for(i=0;i<MAX_THREAD;i++){
          printf("%s ",test_data[i].thread_name);   }
        printf("\n");
        printf("写优先操作次序：");
        InitializeCriticalSection(&CS_DATA);
        for(i=0;i<MAX_THREAD;i++){
```

```
            if(test_data[i].thread_name[0]=='r')
        h_thread[i]=CreateThread(NULL,0,(LPTHREAD_START_ROUTINE)(WF_reader_thread),&test_
data[i],0,NULL);
            else
        h_thread[i]=CreateThread(NULL,0,(LPTHREAD_START_ROUTINE)(WF_writer_thread),&test_d
ata[i],0,NULL); }
        WaitForMultipleObjects(MAX_THREAD,h_thread,TRUE,-1);
    printf("\n");}
```

实验二 读者—写者（Java 实现）

一、实验目的及要求

（1）用信号量来实现读者—写者问题。

（2）理解和运用信号量、PV 原语、进程间的同步互斥关系等基本知识。

二、实验环境

Windows 7、JDK 1.7、Eclipse 4.4.1。

三、实验内容

（1）写者优先时，当一个写进程发送写请求时，不允许新的读者进行读操作，执行完，读者和写者人数均是 0，如图 2-28 所示。

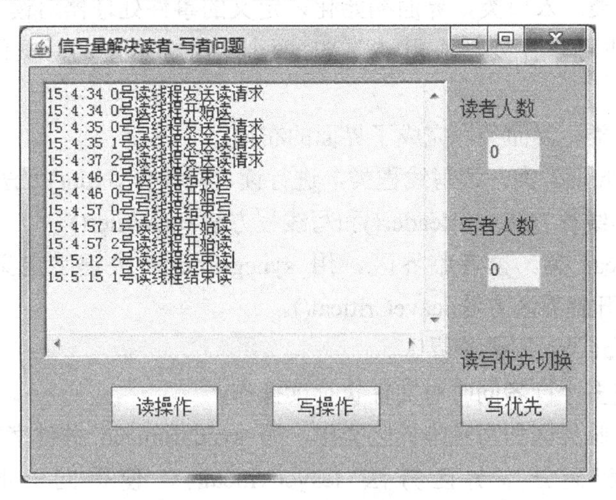

图 2-28 写者优先

（2）读者优先时，当存在读者时，写者将被延迟，如图 2-29 所示。

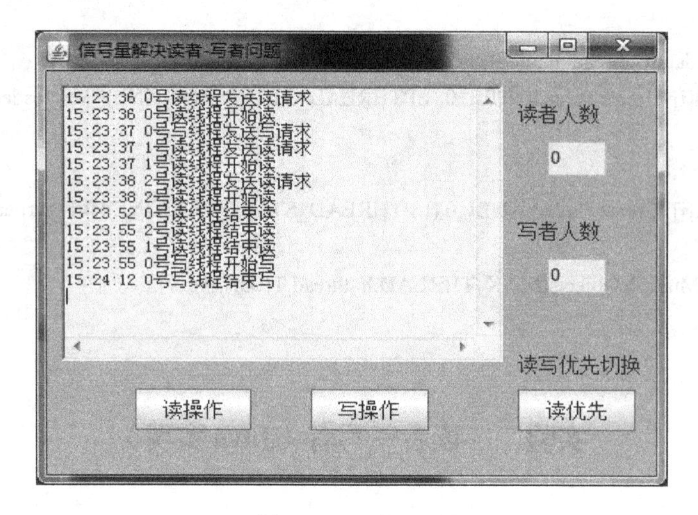

图 2-29 写者延迟

四、实验步骤

1. 有两组并发进程

读操作按钮和写操作按钮分别用(Math.random() * 2) + 1 来随机延迟[1,3)秒的时间实现两组并发进程。

2. 问题解决

（1）各类的主要功效。

①MainEnter 类。入口类，界面初始化，定义的事件处理器对读、写操作按钮，读写优先切换按钮进行事件处理，用 R、W 两个字符标示读、写操作，启动读写线程 ReadWriteThread。

②MainFrame 类。界面类，完成了界面的布局。

③ReadWriteThread 类。读写线程类，进行读、写操作。run()方法，根据 R、W 的标示，分别执行读线程方法 runReader()和写线程方法 runWriter()。

④ReaderCritical 类。读者临界区，用 syncgribuzed 关键字定义进入临界区方法 enterCritical()和离开临界区方法 leaveCritical()。

⑤WriterCritical 类。写者临界区。

（2）要求允许多个读者同时对文件执行读操作。

首先，在读者临界区和写者临界区类中，用 synchronized 关键字定义进入临界区方法 enterCritical()和离开临界区方法 leaveCritical()，使得同一时间只能有一个 ReaderCritical 类型的对象调用此方法。

其次，定义读写线程 ReadWriteThread 类中加了对象锁的 readStart()方法，进入读者临界区 readerCritical.enterCriticalSection()，读者人数自加 readerNumber++，if 读者人数 readerNumber = 1 时，进入写者临界区 writerCritical.enterCriticalSection()，等待写者写结束，之后不再允许写操作；离开读者临界区 readerCritical.leaveCriticalSection()，下次如

果不是第一个读者，不再进入写锁，直接进行读操作。

最后，执行 readStop()方法，读者人数 readerNumber--，如果读者人数等于 0 时，离开写者临界区。

（3）要求只允许一个写者对文件执行写操作。

首先，在执行读操作时，一旦没有写者，读者会进入写者临界区 writerCritical.enterCriticalSection()，直到最后读者人数等于 0 时，离开写者临界区，因此，写者执行写操作，进入写者临界区时，需等待，直到没有读者为止。

其次，每个写者进行写操作时，必须首先进入写者临界区，而 synchronized 关键字定义的方法，使得同一时间同步方法不允许被多次调用，这就保证了不可能有两个写者同时工作。所以，只允许一个写着对文件执行写操作。

（4）要求任何写者在完成操作前不允许其他读者或写者工作。

首先，第一个读者进行读操作时，会进入读者临界区，占去读锁，然后进入写者临界区，而写者未完成写操作时，占去了写锁，使得第一个读者就无法进行读操作，后面因读锁被占去也无法工作。

其次，一个写者写操作未完成时，占去了写锁，使得任何其他的写者也无法进行工作。

（5）写者优先时，写者申请写工作后，不再允许新的读者工作；读者优先时，当存在读者时，随后而来的读者都将允许访问文件，写者必须等待。

首先，写者和读者优先级是通过读写切换按钮每次根据上次优先级更改读写线程类中的静态整型变量 priority 的值，priority = 1 时是写者优先，priority = 2 时是读者优先。

其次，在进行写操作的 writeStart()方法处理中，if(priority == 1)时，即写者优先，进入读者临界区 readerCritical.enterCriticalSection()，占去读锁，不再允许其他的新读者工作，然后进入写者临界区，有读者时等待。

最后，if(priority == 2)时，即读者优先，直接进入写者临界区，有读者时等待，而只要有一个读者正在工作时，其他读者不再需要写锁，直接进行读工作。

3. 界面解释

（1）读者人数显示框

MainFrame 对象.JTextField。在每次读者进行读线程的执行时，发送了读请求后，调用 readStart()方法，在每次执行开始读后，MainEnter.frame. textReader.setText((new Integer(readerNumber)).toString())，改变显示框中的值。runReader()中读完时，调用 readStop()方法，将读者人数自减 1，MainEnter.frame. textReader.setText((new Integer(readerNumber)).toString())，改变显示框中的值。

（2）写者显示框

同上，只是执行方法分别是 writeStart()和 writeStop()。

（3）信息显示框

MainFrame 对象.TextArea。在每次执行相应的操作后，就将相应的显示内容，利用

MainEnter.frame.textMessage.append(date.getHours() + ":" + date.getMinutes() + ":" + date.getSeconds() + " " + serial + "号读线程" + "结束读\n")，将信息附加到显示域的后面，serial 变量是每次读、写操作的序号，通过在 MainEnter 中添加两个成员变量 a1、a2，每次自加，在事件处理中将作操作参数 new Thread(new ReadWriteThread('W',a2++)).start()，传递给读写线程。

五、程序代码

（1）第一个类：主执行类。

```
package readerandwriter;
import java.awt.event.ActionEvent;
import java.awt.event.ActionListener;
public class MainEnter implements ActionListener
{     /**     * 主界面  */
      static MainFrame frame;
      /** * 读写线程序号*/
      int a1,a2;
      public MainEnter()
      {
            frame = new MainFrame("信号量解决读者-写者问题",this);
            frame.setVisible(true);
      }
      public void actionPerformed(ActionEvent e)
      {
            if(e.getSource() == frame.buttonRead)
            {
                  new Thread(new ReadWriteThread('R',a1++)).start();
            }
            else if(e.getSource() == frame.buttonWrite)
            { new Thread(new ReadWriteThread('W',a2++)).start();}
            else if(e.getSource() == frame.buttonPriority)
            {
                  if(frame.buttonPriority.getText() == "写优先")
                  {
                        ReadWriteThread.setPriority(2);
                        frame.buttonPriority.setText("读优先");
                  }
                  else
                  {
                        ReadWriteThread.setPriority(1);
                        frame.buttonPriority.setText("写优先");
```

```
                }
            }
        }
        public static void main(String[] args)
        { new MainEnter(); }
}
```

（2）第二个类：界面类。

```
//主界面
package readerandwriter;
import java.awt.Color;
public class MainFrame extends JFrame
{       private static final long serialVersionUID = -6171365492410371629L;
        /**     * 主面板 */
        JPanel panel;
        /*** 读者和写者人数标签 */
        JLabel labelReader,labelWriter;
        /*** 读者和写者人数 JTextField;*/
        JTextField textReader,textWriter;
        /** * 读写按钮*/
        JButton buttonRead,buttonWrite;
        /** 读写优先级按钮，读写优先标签*/
        JButton buttonPriority;
        JLabel labelPriority;
        /*** 信息显示文本域*/
        TextArea textMessage;
        public MainFrame(String str,MainEnter mainEnter)
        {
            super(str);
            this.setDefaultCloseOperation(JFrame.EXIT_ON_CLOSE);
            Font font = new Font("宋体",0,14);
            //设置主面板
            panel = new JPanel(null);
            panel.setBackground(Color.LIGHT_GRAY);
            //设置读写标签
            labelReader = new JLabel("读者人数");
            labelReader.setFont(font);
            labelWriter = new JLabel("写者人数");
            labelWriter.setFont(font);
            //读者和写者显示框
```

```
textReader = new JTextField("0");
textReader.setEditable(false);
textWriter = new JTextField("0");
textWriter.setEditable(false);
//设置读写按钮
buttonRead = new JButton("读操作");
buttonRead.setFont(font);
buttonRead.addActionListener(mainEnter);
buttonWrite = new JButton("写操作");
buttonWrite.setFont(font);
buttonWrite.addActionListener(mainEnter);
//读写优先切换按钮,读写优先标签
buttonPriority = new JButton("写优先");
buttonPriority.setFont(font);
buttonPriority.addActionListener(mainEnter);
labelPriority = new JLabel("读写优先切换");
labelPriority.setFont(font);
//显示文本域
textMessage = new TextArea(20,20);
textMessage.setEditable(false);
//控件布局
textMessage.setBounds(10, 10, 300, 200);
labelReader.setBounds(320, 15, 100, 30);
textReader.setBounds(340, 50, 40, 25);
labelWriter.setBounds(320, 100, 100, 30);
textWriter.setBounds(340, 135, 40, 25);
buttonRead.setBounds(60, 230, 80, 30);
buttonWrite.setBounds(180, 230, 80, 30);
labelPriority.setBounds(320, 200, 100, 25);
buttonPriority.setBounds(320, 230, 80, 30);
//控件添加
panel.add(labelPriority);
panel.add(buttonPriority);
panel.add(labelReader);
panel.add(labelWriter);
panel.add(textReader);
panel.add(textWriter);
panel.add(textMessage);
panel.add(buttonRead);
```

```
            panel.add(buttonWrite);
            add(panel);
            setSize(430,330);
            //在屏幕中央显示
            Dimension scr = Toolkit.getDefaultToolkit().getScreenSize();
            Dimension fra = this.getSize();
            if (fra.width > scr.width) {
                fra.width = scr.width;
            }
            if (fra.height > scr.height) {
                fra.height = scr.height;
            }
            this.setLocation((scr.width - fra.width) / 2,
                        (scr.height - fra.height) / 2);
        }
}
```

（3）第三个类：读写线程类。

```
package readerandwriter;
import java.util.Date;
public class ReadWriteThread implements Runnable
{
        /*** 读写优先级，1 是写者优先，2 是读者优先*/
        private static int priority;
        /*** 读者和写者的人数*/
        private static int readerNumber,writerNumber;
        /*** 读写者临界区*/
        private static ReaderCritical readerCritical;
        private static WriterCritical writerCritical;
        /*** 读写线程标志 */
        private char flag;
        public static int getReaderNumber()
        { return readerNumber; }
        public static int getWriterNumber()
        { return writerNumber; }
        /*** 读写线程位序*/
        private int serial;
        /** * 延迟的时间        */
        private double latency;
        /**     * 持续读写的时间     */
```

```
private double lastTime;
static
{
    priority = 1;
    readerNumber = 0;
    writerNumber = 0;
    readerCritical = new ReaderCritical();
    writerCritical = new WriterCritical();
}
public static void setPriority(int priority)
{   ReadWriteThread.priority = priority; }
public ReadWriteThread(char flag,int serial)
{
    this.flag = flag;
    this.serial = serial;
    //随机生成一个 1-3 秒的延迟时间和 10-20 持续读写时间
    latency = (Math.random() * 2) + 1;
    lastTime = (Math.random() * 9) + 10;
}
    public void run()
{   //判断条件，分别执行读写操作
    if(flag == 'R')
    { runReader();   }
    else if(flag == 'W')
    {   runWriter(); }
}
//读线程的执行
public void runReader()
{ //令线程睡眠指定的时间，模拟延迟时间
    try
    { Thread.sleep((long)latency * 1000); }
    catch (InterruptedException e)
    { e.printStackTrace(); }
    Date date = new Date();
    MainEnter.frame.textMessage.append(date.getHours() + ":" + date.getMinutes() + ":" +
    date.getSeconds() + " " + serial + "号读线程" + "发送读请求\n");
    //进行读的尝试，及读操作处理
    readStart();
    //令线程睡眠指定的时间，模拟持续读的时间
```

```
        try
        {   Thread.sleep((long)lastTime * 1000); }
        catch (InterruptedException e)
        {   e.printStackTrace(); }
        //结束读的操作方法
        readStop();
    }
    //进入读操作的方法处理
    public synchronized void readStart()
    {   //进入读者临界区
        readerCritical.enterCriticalSection();
        //如果是第一个读者
        readerNumber++;
        if(readerNumber == 1)
        { //有写者时等待
            writerCritical.enterCriticalSection();
            //记录开始读的时间
            Date date = new Date();
            MainEnter.frame.textMessage.append(date.getHours() + ":" + date.getMinutes() + ":"
            + date.getSeconds() + " " + serial + "号读线程" + "开始读\n");
            MainEnter.frame.textReader.setText((new Integer(readerNumber)).toString());
            //离开读者临界区，使得其他读者进入
            readerCritical.leaveCriticalSection();
        }
        //如果不是第一个读者
        else
        {
            Date date = new Date();
            MainEnter.frame.textMessage.append(date.getHours() + ":" + date.getMinutes() + ":"
            + date.getSeconds() + " " + serial + "号读线程" + "开始读\n");
            MainEnter.frame.textReader.setText((new Integer(readerNumber)).toString());
            //离开读者临界区，使得其他读者进入
            readerCritical.leaveCriticalSection();
        }
    }
    //结束读操作方法
    @SuppressWarnings("deprecation")
    public void readStop()
    {
```

```
        readerNumber--;
        Date date = new Date();
        MainEnter.frame.textMessage.append(date.getHours() + ":" + date.getMinutes() + ":" +
        date.getSeconds() + " " + serial +  "号读线程" + "结束读\n");
        MainEnter.frame.textReader.setText((new Integer(readerNumber)).toString());
        //没有读者时，唤醒写者
        if(readerNumber == 0)
        { writerCritical.leaveCriticalSection(); }
    }
    //写线程的执行
    public void runWriter()
    {
        //令线程睡眠指定的时间，模拟延迟时间
        try
        {Thread.sleep((long)latency * 1000);            }
        catch (InterruptedException e)
        { e.printStackTrace();           }
        Date date = new Date();
        MainEnter.frame.textMessage.append(date.getHours() + ":" + date.getMinutes() + ":" +
        date.getSeconds() + " " + serial + "号写线程" + "发送写请求\n");
        //进行写的尝试，及写操作处理
        writeStart();
        //令线程睡眠指定的时间，模拟持续写的时间
        try
        {    Thread.sleep((long)lastTime * 1000);    }
        catch (InterruptedException e)
        {    e.printStackTrace();           }
        //结束写的操作方法
        writeStop();
    }
    //进入写操作的方法处理
    public void writeStart()
    {
      //写优先时
        if(priority == 1)
        {
          //进入读临界区，进行写请求时，不再允许有读者进入
            readerCritical.enterCriticalSection();
            //进入写临界区，有读者时等待
```

```
                writerCritical.enterCriticalSection();
                writerNumber++;
                //记录开始写的时间
                Date date = new Date();
                MainEnter.frame.textMessage.append(date.getHours() + ":" + date.getMinutes() + ":"
                + date.getSeconds() + " " + serial + "号写线程" + "开始写\n");
                MainEnter.frame.textWriter.setText((new Integer(writerNumber)).toString());
            }
            //读优先时
            else if(priority == 2)
            {
                //进入写临界区，有读者时等待
                writerCritical.enterCriticalSection();
                writerNumber++;
                //记录开始写的时间
                Date date = new Date();
                MainEnter.frame.textMessage.append(date.getHours() + ":" + date.getMinutes() + ":"
                + date.getSeconds() + " " + serial + "号写线程" + "开始写\n");
                MainEnter.frame.textWriter.setText((new Integer(writerNumber)).toString());
            }
        }
        //结束写操作的方法
        public void writeStop()
        {
            writerNumber--;
            Date date = new Date();
            MainEnter.frame.textMessage.append(date.getHours() + ":" + date.getMinutes() + ":" +
            date.getSeconds() + " " + serial + "号写线程" + "结束写\n");
            MainEnter.frame.textWriter.setText((new Integer(readerNumber)).toString());
            //唤醒其他等待的读者和写者
            writerCritical.leaveCriticalSection();
            if(priority == 1)
            {
            readerCritical.leaveCriticalSection();          }
        }
}
```

（4）第四个类：读者临界区类。

```
//读者临界区
package readerandwriter;
public class ReaderCritical
```

```
{   /**        * 进程共享变量        */
        private int raceCondition = 1;
        //加入对象同步锁的进入临界区方法
        public synchronized void enterCriticalSection()
        {   if(raceCondition != 1)
                { try
                        { wait();   }
                        catch (InterruptedException e)
                        { e.printStackTrace();   }
                }
                raceCondition = 0;
        }
        //加入对象同步锁的离开临界区方法
        public synchronized void leaveCriticalSection()
        {       raceCondition = 1;
                notify();
        }
}
```

（5）第五个类：写者临界区类。

```
//写者临界区
package readerandwriter;
public class WriterCritical
{
        /** *  进程共享变量     */
        private int raceCondition = 1;
        //加入对象同步锁的进入临界区方法
        public synchronized void enterCriticalSection()
        {   if(raceCondition != 1)
                {   try
                        {   wait();         }
                        catch (InterruptedException e)
                        { e.printStackTrace(); }
                }
                raceCondition = 0;
        }
        //加入对象同步锁的离开临界区方法
        public synchronized void leaveCriticalSection()
        {   raceCondition = 1;
                notify();
        }
}
```

2.3.5　哲学家就餐问题

有五个哲学家围坐在一圆桌旁，桌中央有一盘通心粉，每人面前有一只空盘子，每两人之间放一只筷子，即共 5 只筷子。每个哲学家的行为是思考和进餐。为了进餐，每个哲学家必须拿到两只筷子，并且每个人只能直接从自己的左边或右边去取筷子。思考时则同时将两支筷子放回原处，如图 2-30 所示。

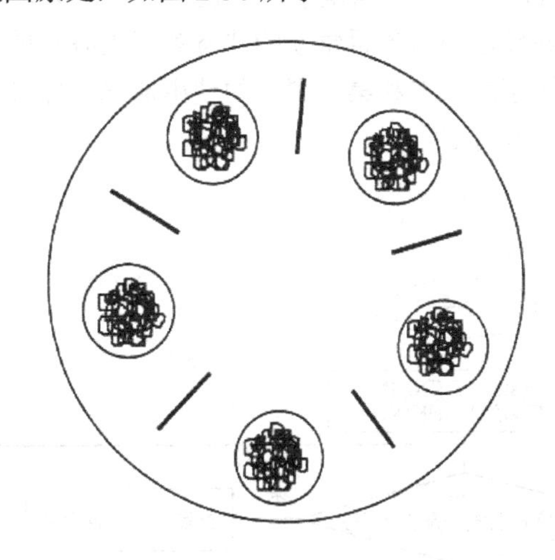

图 2-30　哲学家就餐问题

条件如下：

①只有拿到两只筷子时，哲学家才能吃饭。

②如果筷子已被别人拿走，则必须等别人吃完之后才能拿到筷子。

③任意一个哲学家在自己未拿到两只筷子吃饭前，不会放下手中拿到的筷子。

产生的问题如下：

可能出现死锁问题，因为当五个哲学家都饥饿时，都拿着一支筷子，这样就可能五个哲学家都用不上餐。

实验一　哲学家就餐（C++实现）

一、实验目的及要求

掌握进程同步问题的解决思路和方法，熟练使用 Windows 操作系统提供的信号量机制解决各种进程同步问题。

二、实验环境

Microsoft Visual Studio 2010 环境，用 C++语言编写。

三、实验内容

解决方案:

①最多允许 4 个哲学家同时坐在桌子周围。

②给所有哲学家编号，奇数号的哲学家必须首先拿左边的筷子，偶数号的哲学家则反之。

③为了避免死锁，把哲学家分为三种状态，即思考、饥饿、进食，仅当一个哲学家左右两边的筷子都可用时，才允许他拿筷子，并且一次拿到两只筷子，否则不拿。

设计一个程序，能够显示当前各哲学家的状态和桌上餐具的使用情况，并能无死锁的推算出下一状态各哲学家的状态和桌上餐具的使用情况，即设计一个能安排哲学家正常生活的程序，如图 2-31 所示。

四、实验步骤

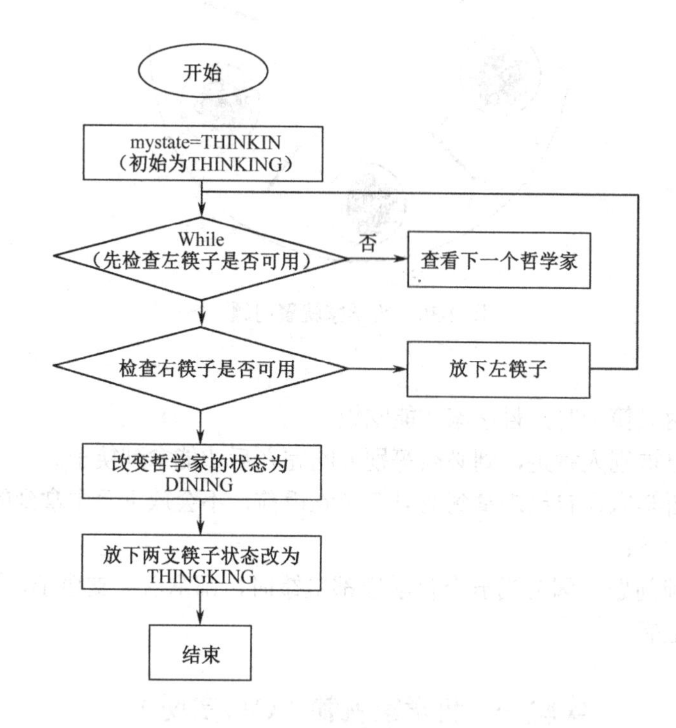

图 2-31　哲学家就餐示意图

五、实验结果

实验结果如图 2-32 所示。

```
philosopher 2 is : THINKING
philosopher 3 is : DINING
philosopher 1 is : DINING
philosopher 0 is : HUNGRY
philosopher 3 is : THINKING
philosopher 4 is : HUNGRY
philosopher 2 is : HUNGRY
philosopher 1 is : THINKING
philosopher 4 is : DINING
philosopher 3 is : HUNGRY
philosopher 2 is : DINING
philosopher 0 is : HUNGRY
philosopher 3 is : HUNGRY
philosopher 4 is : THINKING
philosopher 0 is : DINING
philosopher 1 is : HUNGRY
philoso请按任意键继续……
```

图 2-32　实验结果

分析：对哲学家进行编号，将他们的初始状态全部设定为 THINGKING，接着先从 0 开始改变他们的状态为 HUNGRY，继续运行后，4 号和 2 号哲学家先 DINING，3 号和 1 号哲学家为 HUNGRY，当 4 号哲学家吃完后，0 号哲学家就开始 DINING。

六、实验代码

```
#include <iostream>
using namespace std;                              //命名空间 std 内定义的所有标识符都有效
const unsigned int PHILOSOPHER_NUM=5;     //哲学家数目
const char THINKING=1;   /*标记当前哲学家的状态,1 表示等待,2 表示得到饥饿,3 表示正在吃饭*/
const char HUNGRY=2;      const char DINING=3;
HANDLE hPhilosopher[5];                              //定义数组存放哲学家
HANDLE semaphore[PHILOSOPHER_NUM];           // semaphore 用来表示筷子是否可用
HANDLE mutex;                                  // Mutex 用来控制安全输出
DWORD WINAPI philosopherProc( LPVOID lpParameter)      //返回 API 函数 philosopherProc
{ int   myid;
  char idStr[128]; char stateStr[128];
  char mystate;    int   ret;
  unsigned int leftFork;      //左筷子
  unsigned int rightFork;    //右筷子
  myid = int(lpParameter);   itoa(myid, idStr, 10);
  WaitForSingleObject(mutex, INFINITE);
   cout << "philosopher " << myid << " begin......" << endl;
   ReleaseMutex(mutex);
  mystate = THINKING;                                              //初始状态为 THINKING
  leftFork = (myid) % PHILOSOPHER_NUM;   rightFork = (myid + 1) % PHILOSOPHER_NUM;
```

```
while (true)
{   switch(mystate)
  {   case THINKING:
    mystate = HUNGRY;                                       // 改变状态
    strcpy(stateStr, "HUNGRY");         break;
  case HUNGRY:
    strcpy(stateStr, "HUNGRY");
    ret = WaitForSingleObject(semaphore[leftFork], 0);    // 先检查左筷子是否可用
    if (ret == WAIT_OBJECT_0)
    {
     ret = WaitForSingleObject(semaphore[rightFork], 0); //左筷子可用就拿起，再检查右筷子是否可用
     if (ret == WAIT_OBJECT_0)
     {
      mystate = DINING;                                    // 右筷子可用，就改变自己的状态
      strcpy(stateStr, "DINING");
     }
     else
  { ReleaseSemaphore(semaphore[leftFork], 1, NULL);        // 如果右筷子不可用，就把左筷子放下
  }
    }
    break;
  case DINING:
    // 吃完后把两支筷子都放下
    ReleaseSemaphore(semaphore[leftFork], 1, NULL);
    ReleaseSemaphore(semaphore[rightFork], 1, NULL);
    mystate = THINKING;                                    // 改变自己的状态
    strcpy(stateStr, "THINKING");     break;
  }
  // 输出状态
  WaitForSingleObject(mutex, INFINITE);
  cout << "philosopher " << myid << " is : " << stateStr << endl;
  ReleaseMutex(mutex);         int sleepTime;
  sleepTime = 1 + (int)(5.0*rand()/(RAND_MAX+1.0));
  Sleep(sleepTime*10);
 }
}
int main()
{
 int i;
```

```
srand(time(0));
mutex = CreateMutex(NULL, false, NULL);
for (i=0; i<PHILOSOPHER_NUM; i++)
{ semaphore[i] = CreateSemaphore(NULL, 1, 1, NULL);
  hPhilosopher[i]=CreateThread(NULL,0,philosopherProc,LPVOID(i), CREATE_SUSPENDED,0);
}
 for (i=0; i<PHILOSOPHER_NUM; i++)
        ResumeThread(hPhilosopher[i]);
Sleep(2000);
return 0;
}
```

实验二　哲学家就餐（Java 实现）

一、实验目的及要求

设计一个能安排哲学家正常生活的程序。

二、实验环境

Windows 7、JDK 1.7、Eclipse 4.4.1。

三、实验内容

1. 设计筷子类

有两个属性， 一个是标示这根筷子在哪个哲学家手边，另一个属性标示这个筷子的状态，并且这个状态是随时从内存中取出的。

```
package com.bjs.dinning;
public class Chopstick {
    /** * 表示筷子是否可用 * */
    private volatile boolean available = true;
    private int id;
    public Chopstick() {}
    public Chopstick(int id) { this.id = id;     }
    public int getId() { return id;      }
    public boolean isAvailable() {return available;      }
    public void setAvailable(boolean available) {this.available = available;      }
     public void setId(int id) { this.id = id;       }
    public String toString() {    return "筷子" + id;}
}
```

2. 筷子数组

动态决定几个哲学家几根筷子。

```
package com.bjs.dinning;
public class ChopstickArray {
    private Chopstick[] chopsticks;
    public ChopstickArray() {    }
     public ChopstickArray(int size) {
        chopsticks = new Chopstick[size];
        for (int i = 0; i < chopsticks.length; ++i) { chopsticks[i] = new Chopstick(i); }
    }
    public Chopstick getId(int id) { return chopsticks[id];      }
    public Chopstick getLast(int id) {
        if (id == 0)   return chopsticks[chopsticks.length - 1];
        else   return chopsticks[id - 1];
    }
}
```

3．哲学家类

```
public class Philosopher implements Runnable {
    ChopstickArray chopstickArray;         JTextArea eatingTextArea;
    private int id;                        private boolean state;
    JTextArea thinkingTextArea;            JTextArea waitingTextArea;
    public Philosopher() { }
    public Philosopher(int id, ChopstickArray chopstickArray,
            JTextArea thinkingTextArea, JTextArea eatingtextArea,
            JTextArea waitingTextArea) {
        this.id = id;
        this.chopstickArray = chopstickArray;          this.thinkingTextArea = thinkingTextArea;
        this.eatingTextArea = eatingtextArea;          this.waitingTextArea = waitingTextArea;
    }
    public synchronized void eating() {
        if (!state) { // 在思考
            if (chopstickArray.getId(id).isAvailable()) { // 如果哲学家右手边的筷子可用
                if (chopstickArray.getLast(id).isAvailable()) { // 如果左手边的筷子也可用
                    // 然后将这个能吃饭的哲学家两侧的筷子都设置为不可用
                    chopstickArray.getId(id).setAvailable(false);
                    chopstickArray.getLast(id).setAvailable(false);
                    String text = eatingTextArea.getText();
                    eatingTextArea.setText(text + this + "在吃饭\n");
                    try { Thread.sleep(1000);
                    } catch (Exception e) {       e.printStackTrace();     }
```

```
                } else {
                    // 右手边的筷子可用，但是左手边的不可用
                    String str = waitingTextArea.getText();
                waitingTextArea.setText(str + this + "在等待" + chopstickArray.getLast(id) + "\n");
                    try {    wait(new Random().nextInt(100));
                    } catch (Exception e) {    e.printStackTrace(); }
                }
            } else { // 如果哲学家右手边的筷子不可用则等待
                String str = waitingTextArea.getText();
                waitingTextArea.setText(str + this + "在等待"+ chopstickArray.getId(id) + "\n");
                try { wait(new Random().nextInt(100));
                } catch (Exception e) { e.printStackTrace(); }
            }           }
        state = true;
    }
    public void run() {    for (int i = 0; i < 10; ++i) {    thinking();    eating();    } }
    public synchronized void thinking() {
        if (state) { // 如果在思考,说明这个哲学家两面的筷子没用
          chopstickArray.getId(id).setAvailable(true); chopstickArray.getLast(id).setAvailable(true);
      String text = thinkingTextArea.getText();    thinkingTextArea.setText(text + this + "在思考\n");
            try { Thread.sleep(1000); } catch (Exception e) { e.printStackTrace();}
        }
        state = false;
  }
    public String toString() { return " 哲学家 " + id;        }
}
```

4. 运行的入口类

```
package com.bjs.dinning;
import java.awt.FlowLayout;
//……
public class DiningPhilosophersFrame extends JFrame{
    public DiningPhilosophersFrame(){
        panel2.setLayout(new GridLayout(2, 2, 3, 3));
        panel2.add(label2);
    panel2.add(label3);
        panel2.add(label4);
        JScrollPane js1 = new JScrollPane(thinkingTextArea,
                JScrollPane.VERTICAL_SCROLLBAR_ALWAYS,
                JScrollPane.HORIZONTAL_SCROLLBAR_ALWAYS);
        JScrollPane js2 = new JScrollPane(eatingTextArea,
                JScrollPane.VERTICAL_SCROLLBAR_ALWAYS,
                JScrollPane.HORIZONTAL_SCROLLBAR_ALWAYS);
```

```
            JScrollPane js3 = new JScrollPane(waitingTextArea,
                    JScrollPane.VERTICAL_SCROLLBAR_ALWAYS,
                    JScrollPane.HORIZONTAL_SCROLLBAR_ALWAYS);
            panel2.add(js1);            panel2.add(js2);
            panel2.add(js3);            panel1.setLayout(new FlowLayout());
            panel1.add(label1);         panel1.add(panel2);
            panel1.add(button);         setContentPane(panel1);
            button.addActionListener(new ActionListener(){
                public void actionPerformed(ActionEvent e){
                    ChopstickArray chopstickArray = new ChopstickArray(3);
                    for(int i = 0; i < 3; i++){
new Thread(new Philosopher(i,chopstickArray,thinkingTextArea,atingTextArea, waitingTextArea)) .start();
                    }
                }
            });
           setSize(300, 400);   setVisible(true);   setDefaultCloseOperation(JFrame.EXIT_ON_CLOSE);
        }
        public static void main(String[] args){         new DiningPhilosophersFrame(); }
        private final JPanel panel1 = new JPanel();
        private final JPanel panel2 = new JPanel();
        private final JTextArea thinkingTextArea = new JTextArea(5, 10);
        private final JTextArea eatingTextArea = new JTextArea(5, 10);
        private final JTextArea waitingTextArea = new JTextArea(5, 10);
        JLabel label1 = new JLabel("哲学家问题");
JLabel label2 = new JLabel("思考");
JLabel label3 = new JLabel("吃饭");
JLabel label4 = new JLabel("等待");
JButton button = new JButton("开始运行");
}
```

2.3.6 理发师问题

有一个理发师，一把理发椅和 3 把提供给等候理发的顾客座的椅子。如果没有顾客，则理发师便在理发椅子上睡觉；第一个顾客到来时，唤醒该理发师进行理发；如果理发师正在理发又有顾客到来，则如果有空椅子可坐，他就坐下来等待，如果没有空椅子，他就离开理发店。

要求描述理发师和顾客的行为，因此需要两类线程 barber()和 customer ()分别描述理发师和顾客的行为。其中，理发师的活动有理发和睡觉两个事件，即等待和理发两个事件。店里有固定的椅子数，上面坐着等待的顾客，顾客在到来时，需判断有没有空闲的椅子，理发师决定要理发或睡觉时，也要判断椅子上有没有顾客。

所以，主要实验内容如下：

①理发师和顾客之间同步关系。当理发师睡觉时，顾客进来需要唤醒理发师为其理发，当有顾客时理发师为其理发，没有的时候理发师睡觉。

②理发师和顾客之间互斥关系。由于每次理发师只能为一个人理发，且可供等候的椅子有限，只有3把，即理发师和椅子是临界资源，所以顾客之间是互斥的关系。

实验一 理发师问题（C++实现）

一、实验目的及要求

（1）理解进程、线程之间的关系以及它们的使用。

（2）加深对信号量机制的理解。

（3）理解理发师问题模型，掌握解决该问题的算法思想。

（4）掌握一些基本的系统调用的用法及其所实现的功能。

二、实验环境

Microsoft Visual Studio 2013 环境，用C++语言编写。

三、实验步骤

（1）信号量的定义。

互斥信号量mutex，用来互斥对临界变量count的访问。

计数信号量 customers，用来记录等候的顾客数据；计数信号量 barbers，用来记录等待的理发师数，barbers只有两种取值，要么是0，要么是1。

临界变量 count，由理发师进程和顾客进程共同访问，用来记录在椅子上等着的顾客数。

（2）相关函数。

①CreateThread()，该函数创建理发师线程、顾客线程。

②CreateMutex()，找出当前系统是否已经存在指定进程的实例。如果一个线程获取了互斥体，则要获取该互斥体的第二个线程将被挂起，直到第一个线程释放该互斥体。

③CreateSemaphore()，该函数是系统提供的 API，包含在 Windows.h 中，应用在同步的处理中。作用是创建一个新的信号机，执行成功，返回信号机对象的句柄。

④ReleaseSemaphore()，该函数的作用是增加信号机的计数。如果成功，就调用信号机上的一个等待函数来减少它的计数。

⑤WaitForSingleObject()，该函数用来检测hHandle事件的信号状态。

⑥ResumeThread()，该函数线程恢复函数，使用该函数能激活线程的运行，使 CPU分配资源让线程恢复运行。

⑦ReleaseMutex()：该函数释放由线程拥有的一个互斥体。

（3）根据实验内容设计程序流程图，如图2-33所示。

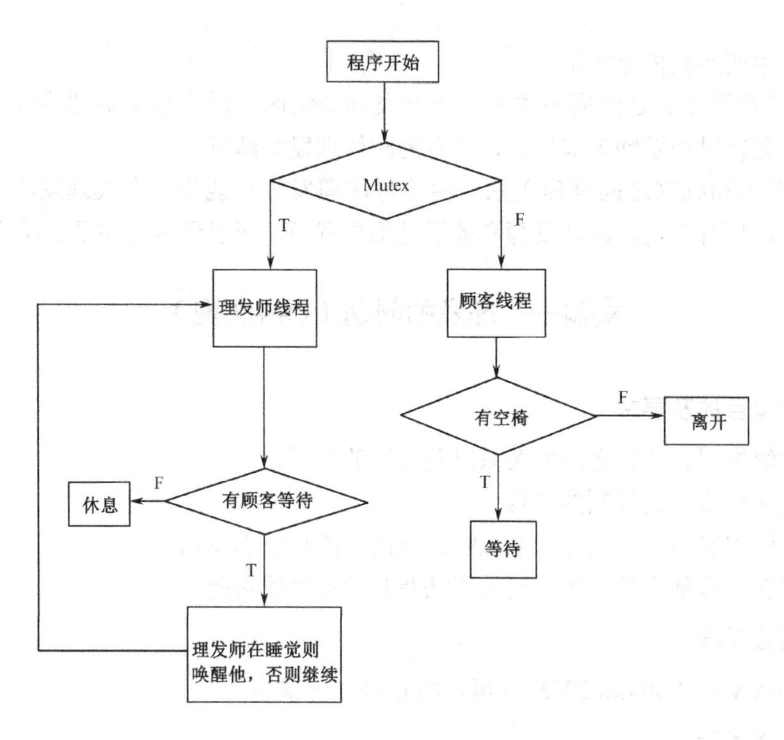

图 2-33　理发师问题流程图

四、运行结果

（1）开始运行，第一个客人来到后，理发师准备理发，店里剩余 3 个座位。再来客人，有座就坐下等待，当座位坐满后，再来的客人没座可坐，就会离开，如图 2-34 所示。

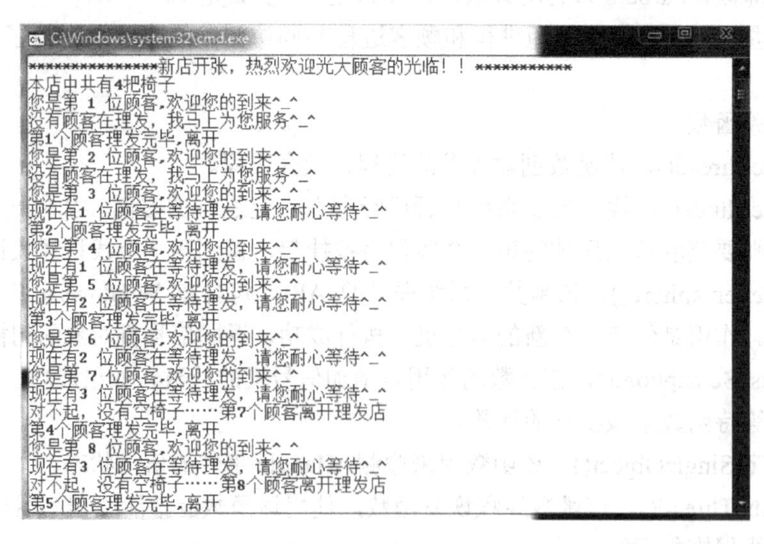

图 2-34　运行结果

（2）理发完成 14 个理发，店里没有客人，理发师可以选择是否停止营业，如图 2-35 所示。

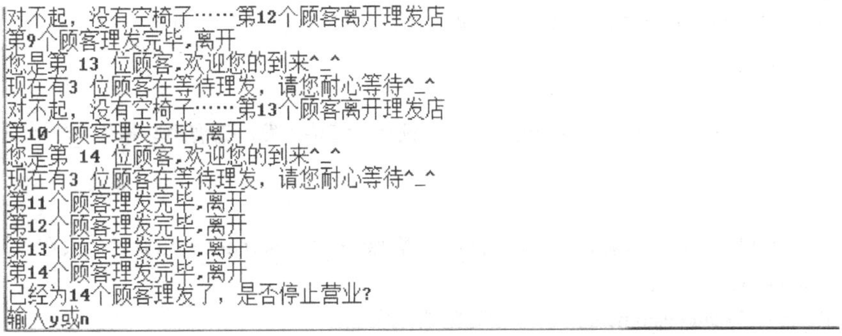

```
对不起，没有空椅子……第12个顾客离开理发店
第9个顾客理发完毕,离开
您是第 13 位顾客,欢迎您的到来^_^
现在有3 位顾客在等待理发，请您耐心等待^_^
对不起，没有空椅子……第13个顾客离开理发店
第10个顾客理发完毕,离开
您是第 14 位顾客,欢迎您的到来^_^
现在有3 位顾客在等待理发，请您耐心等待^_^
第11个顾客理发完毕,离开
第12个顾客理发完毕,离开
第13个顾客理发完毕,离开
第14个顾客理发完毕,离开
已经为14个顾客理发了，是否停止营业?
输入y或n
```

图 2-35 运行图一

（3）选择是，则停止营业。否则继续营业，如图 2-36 所示。

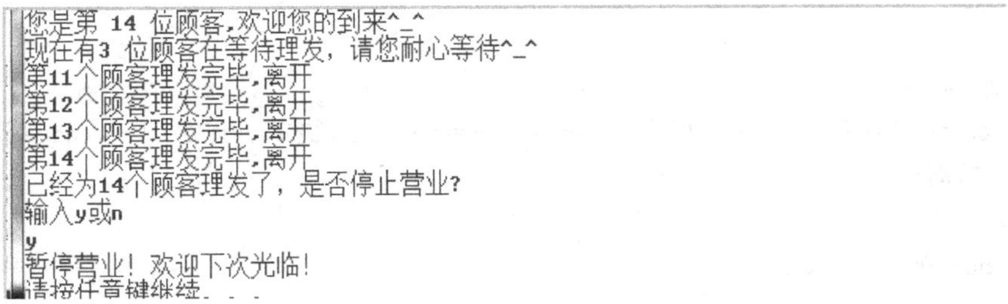

```
您是第 14 位顾客,欢迎您的到来^_^
现在有3 位顾客在等待理发，请您耐心等待^_^
第11个顾客理发完毕,离开
第12个顾客理发完毕,离开
第13个顾客理发完毕,离开
第14个顾客理发完毕,离开
已经为14个顾客理发了，是否停止营业?
输入y或n
y
暂停营业！欢迎下次光临!
请按任意键继续. . .
```

图 2-36 运行图二

五、主要代码

1. 句柄列表

```
HANDLE Mutex = CreateMutex(NULL, FALSE, L"Mutex");    //用来实现进程的互斥
HANDLE barbers = CreateSemaphore(NULL, 1, 1, L"barbers"); //进行线程间的同步
HANDLE customers = CreateSemaphore(NULL, 0, CHAIRS, L"customers");
```

2. 定义随机函数以产生顾客

```
int random()
{
        srand((int)time(NULL));
        return rand() % 5000;
}
```

3. 顾客线程

```
DWORD WINAPI customer(LPVOID pParm2)
 {
      if (ReleaseSemaphore(customers, 1, NULL))      //V(customer)
      {
        WaitForSingleObject(Mutex, INFINITE);
        ::count ++;
```

```
        cout << "您是第 " << ::count << " 位顾客,欢迎您的到来^_^ " << endl;
        if (waiting != 0)
        {
            cout << "现在有" << waiting << " 位顾客在等待理发，请您耐心等待^_^" << endl;
        }
        else
            cout << "没有顾客在理发，我马上为您服务^_^" << endl;//输出有多少人在等待
        waiting++;
        ResumeThread(customers);         //唤醒理发师进程
        ReleaseMutex(Mutex);             //释放互斥量，以便其他线程使用
        WaitForSingleObject(barbers, INFINITE);     //等待理发
    }
    else
    {
    //::count++;
        cout << "对不起，没有空椅子……第" << ::count << "个顾客离开理发店" << endl; //没有椅子，顾客直接离开
    }
    return 0;
}
```

4. 理发师线程

```
DWORD WINAPI barber(LPVOID pParm1)
 {
     while (true)//外循环
     {
         WaitForSingleObject(customers, INFINITE);//p(customers)，等待顾客
         WaitForSingleObject(Mutex, INFINITE);     //等待互斥量
         ReleaseSemaphore(barbers, 1, NULL);       //释放信号量
         ResumeThread(barbers);                    //唤醒顾客进程
         Sleep(5000);            //模拟理发  www.bianceng.cn
         finish++;                                  //理发完毕的顾客数目加 1
         cout << "第" << finish << "个顾客理发完毕,离开 " << endl;
         waiting--;                                //等待的人数减 1
         ReleaseMutex(Mutex);                       //v(mutex);
     }
     return 0;
}
```

5. 实现线程的操作

```
int main()
 {
     cout << "***************新店开张，热烈欢迎光大顾客的光临！！ ***********" << endl;
```

```
        cout << "本店中共有" << CHAIRS << "把椅子" << endl;
        HANDLE hThreadCustomer;
        HANDLE hThreadBarder;
        hThreadBarder = CreateThread(NULL, 0, barber, NULL, 0, NULL); //产生一个理发师进程
        while (close_door != 'y')
        {
            Sleep(random());//rand()函数实现顾客随机到来
            //cout<<endl<<"正在营业，请进！"<<endl;
            if (finish >= MAX_COUNT) //如果完成数超过 10 并且没有人等待
            {
                while (waiting != 0)
                {
                    Sleep(1000);
                    continue;
                }
                cout << "已经为" << finish << "个顾客理发了，是否停止营业?" << endl<<"输入 y
                或 n"<<endl; //提示是否关门
                cin >> close_door;
                if (close_door == 'y')
                {
                    cout << "暂停营业！欢迎下次光临！" << endl;
                    system("pause");
                    return 0;
                }
                else
                {
                    finish = 0;
                    ::count = 0;
                    cout << "继续营业" << endl;
                }
            }
            hThreadCustomer = CreateThread(NULL, 0, customer, NULL, 0, NULL);
        }
        return 0;
}
```

实验二　理发师问题（Java 实现）

一、实验目的及要求

（1）掌握多线程编程的特点和工作原理。

（2）掌握多线程实现的两种方法。
（3）了解线程的属性和控制。
（4）掌握线程同步和通信原理。

二、实验环境

Eclipse 环境，用 Java 语言编写。

三、实验内容

（1）在 Java 中创建多个线程，模拟多线程执行任务。
（2）同时处理 20 个顾客进程和一个理发师进程，实现进程间互斥执行。

四、算法描述及实验步骤

1. 算法描述

同一时间段中，有两种类型的进程同时运行，分别是理发师进程和顾客进程，顾客进程被理发，理发师进程进行理发。两种进程通过互斥变量来实现进程互斥，即理发师同时只能给一个顾客理发，并增加临界区变量椅子的数量来更好地模拟现实生活中的理发店场景。

当顾客来访时，先判断是否有空椅子，无则离开，有则继续判断理发师是否处于空闲的状态，是则进行理发，否则坐下等待，直到没有顾客为止（设为 20 位顾客），理发师休息睡觉。

2. 实验步骤

（1）信号量的定义
①互斥信号量 mutex，用来实现进程间的互斥进行。
②临界变量 cnt，由理发师进程和顾客进程共同访问,用来记录在空椅子的数量。
（2）相关函数
①isFull()，判断是否有空余的椅子。
②isBusy()，判断理发师是否空闲。
③new Thread(new Barber(bar, i)).start()，创建 20 个顾客进程。
④static Semaphore mutex = new Semaphore(1)，临界区互斥访问信号量（二进制信号量），相当于互斥锁。
⑤mutex.acquire()，信号量减操作，防止其他进程再进入。
⑥mutex.release()，信号量加操作，释放互斥体。
⑦synchronized (this) { }，代码块互斥保护，提高程序运行效率。
（3）根据实验内容设计程序流程图，如图 2-37 所示。

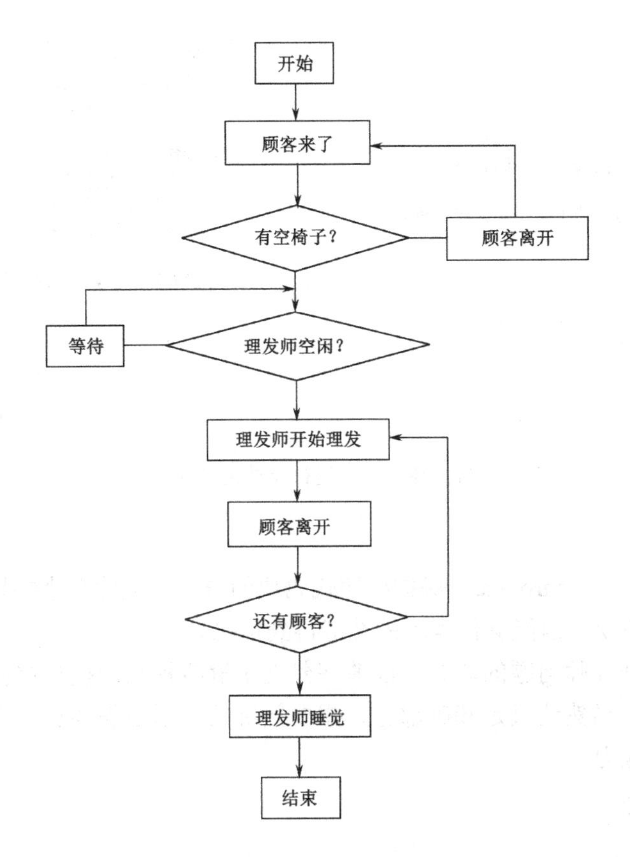

图 2-37　算法流程图

五、调试过程及实验结果

开始运行，第一个顾客来到后，理发师准备理发，店里剩余 3 个座位。往后再来的顾客要是有座则可以坐下，没座的话就直接离开。等到第 20 个顾客都离开后，理发师休息。运行截图如图 2-38 所示。

```
顾客1 来了
现在理发店只有顾客1，理发师是清醒的
顾客1　正在理发
顾客2　来了
顾客2　正在等待理发师
顾客3　来了
顾客3　正在等待理发师
顾客4　来了
顾客4　正在等待理发师
顾客5　来了
没有可供顾客等待的椅子了，顾客5　离开了
顾客1　离开了
2
顾客2　正在理发
顾客6　来了
顾客6　正在等待理发师
顾客7　来了
没有可供顾客等待的椅子了，顾客7　离开了
顾客8　来了
没有可供顾客等待的椅子了，顾客8　离开了
顾客2　离开了
```

(a)

```
顾客2　离开了
顾客3　正在理发
顾客9　来了
顾客9　正在等待理发师
顾客10　来了
没有可供顾客等待的椅子了，顾客10　离开了
顾客11　来了
没有可供顾客等待的椅子了，顾客11　离开了
顾客12　来了
没有可供顾客等待的椅子了，顾客12　离开了
顾客13　来了
没有可供顾客等待的椅子了，顾客13　离开了
顾客3　离开了
顾客4　正在理发
顾客14　来了
顾客14　正在等待理发师
顾客15　来了
没有可供顾管等待的椅子了，顾客15　离开了
顾客16　来了
没有可供顾客等待的椅子了，顾客16　离开了
顾客4　离开了
```

(b)

图 2-38　调试运行及结果

```
顾客4　离开了
顾客6　正在理发
顾客17　来了
顾客17　正在等待理发师
顾客18　来了
没有可供顾客等待的椅子了，顾客18　离开了
顾客19　来了
没有可供顾客等待的椅子了，顾客19　离开了
顾客6　离开了
9
顾客9　正在理发
顾客20　来了
顾客20　正在等待理发师
顾客9　离开了
```

（c）

```
顾客9　离开了
顾客14　正在理发
顾客14　离开了
17
顾客17　正在理发
顾客17　离开了
现在理发店只有顾客20，理发师是清醒的
顾客20　正在理发
顾客20　离开了
没有顾客了，理发师开始睡觉
```

（d）

图 2-38　调试运行及结果（续）

六、总结

（1）通过使用 synchronized 保护程序代码块的方法，虽然在小规模的进程同步互斥中不能够很好地体现，但能够使程序的性能得到优化。

（2）通过对理发师问题的研究，能够深刻地了解线程互斥执行过程，同时也能掌握线程编程的方法，当然这只是基础部分，想要熟练的运用还需要加强学习，通过编程实践来提高自己的能力。

七、主要代码

1. 顾客类定义

```
class Barber implements Runnable {
        BarberShop ob;
        int index;
        public Barber(BarberShop ob, int i) {
                this.ob = ob;
                index = i;
        }
        public void run() {
                // TODO Auto-generated method stub
                try {
                        ob.Gobar(index);
                } catch (InterruptedException e) {
                        // TODO Auto-generated catch block
                        e.printStackTrace();
                }
        }
}
```

2. 理发师类定义

```
public class BarberShop {
    static int cnt = 0;// 顾客
    static int MAX = 5;// 假设 4 张可供顾客理发的椅子
    static int busy = 0;
    static Semaphore mutex = new Semaphore(1);// 临界区互斥访问信号量(二进制信号量)，相当
                                              于互斥锁。

    public static void main(String args[]) throws InterruptedException {
        BarberShop bar = new BarberShop();
        for (int i = 1; i <= 20; i++) {// 假设一共有 20 个顾客来访
            new Thread(new Barber(bar, i)).start();
            Thread.sleep((int) (400 - Math.random() * 300));// 使得当前线程休眠 随机 0-0.1s
        }
    }
    public synchronized boolean isFull() {
        if (cnt == MAX) {
            return true;
        }
        return false;
    }

    public synchronized boolean isEmpty() {
        if (cnt == 0) {
            return true;
        }
        return false;
    }

    public synchronized boolean isBusy() {
        if (busy == 1) {
            return true;
        }
        return false;
    }

    public void Gobar(int index) throws InterruptedException {

        System.out.println("顾客 " + index + " 来了");
```

```
            cnt++;
            // 判断是否满
            if (isFull()) {
                System.out.println("没有可供顾客等待的椅子了," + "顾客 " + index + " 离开了");
                cnt--;
            } else {
                if (busy == 1) {
                    System.out.println("顾客" + index + " 正在等待理发师");
                }
                mutex.acquire();// 信号量减操作，防止其他进程再进入
                synchronized (this) {
                    while (busy == 1) {
                        // 若有人在理发，则等待
                        System.out.println(index);
                        wait();
                    }
                }
                if (cnt == 1) {
                    System.out.println("现在理发店只有顾客" + index + ",理发师是清醒的");
                }
                busy = 1;
                System.out.println("顾客" + index + " 正在理发");
                Thread.sleep(1000);
                System.out.println("顾客" + index + " 离开了");
                cnt--;
                mutex.release();// 信号量加操作
                synchronized (this) {
                    busy = 0;
                    notify();// 唤醒
                }
                if (cnt == 0) {
                    System.out.println("没有顾客了，理发师开始睡觉");
                }
            }
        }
    }
```

2.3 节实验程序清单

实验程序序号	程序说明	对应章节
30	PV 实现信号量机制	2.3.1 实验一
31	兔子吃草问题，信号量机制	2.3.1 实验二
32*	信号量实现前趋关系	
33	PV 操作实例代码	
34*	双线程打印	2.3.2 实验一
35	银行取款，互斥量	2.3.2 实验二
36	生产者-消费者（C++实现）	2.3.3 实验一
37	生产者-消费者（Java 实现）	2.3.3 实验二
38	应用管程思想解决生产者消费者问题	2.3.3 实验三
39*	管程解决生产者消费者问题	
40	读者-写者（C++实现）	2.3.4 实验一
41	读者-写者（Java 实现）	2.3.4 实验二
42	哲学家就餐（C++实现）	2.3.5 实验一
43	哲学家就餐（Java 实现）	2.3.5 实验二
44	理发师问题（C++实现）	2.3.6 实验一
45	理发师问题（Java 实现）	2.3.6 实验二

*号为课外自主实验参考程序，附有文档说明。

2.4　死锁

死锁是指两个或两个以上的进程在执行过程中，由于竞争资源或者由于彼此通信而造成的一种阻塞现象，若无外力作用，它们都将无法继续推进。此时称系统处于死锁状态或系统产生了死锁，这些永远在互相等待的进程称为死锁进程。

产生死锁的原因如下：

①系统资源不足。

②进程运行推进的顺序不合适。

③资源分配不当。

产生死锁的必要条件有以下四个：

①互斥条件。所谓互斥就是进程在某一时间内独占资源。

②请求与保持条件。一个进程因请求资源而阻塞时，对已获得的资源保持不放。

③不剥夺条件。进程已获得资源，在未使用完之前，不能强行剥夺。

④循环等待条件。若干进程之间形成一种头尾相接的循环等待资源关系。

理解了死锁的原因，尤其是产生死锁的四个必要条件，就可以最大可能地避免、预防和解除死锁。

①采用资源静态分配策略，破坏“部分分配”条件。

②允许进程剥夺使用其他进程占有的资源，从而破坏“不可剥夺”条件。

③采用资源有序分配法，破坏“环路”条件。

死锁的避免，以及限制死锁的必要条件的存在，可使系统在运行过程中避免死锁的最终发生，最著名的死锁避免算法是银行家算法。

实验一 A—B 竞争资源

一、实验目的及要求

（1）了解死锁的概念。

（2）理解死锁的状态及产生原因。

（3）掌握死锁的解决办法。

二、实验环境

Windows 7、JDK 1.7、Eclipse 4.4.1。

三、实验内容

（1）两个线程分别只有 A 和 B 其中的一个锁，并互相等待对方的锁。

（2）查看执行结果，并分析原因。

四、实验步骤

（1）创建两个线程，分别分配锁 A 和锁 B。

（2）拥有锁 A 的线程申请锁 B，拥有锁 B 的线程申请锁 A。

（3）查看执行结果，并分析原因。

五、实验结果

如图 2-39 所示。

```
Problems @ Javadoc Declaration Console Call Hierarchy
Test [Java Application] D:\Program Files\JavaTools\JDK\jdk7\bin\javaw.exe (2014年12月23日 下午5:04:49)
线程thread1：我得到了A的锁
线程thread2：我得到了B的锁
线程thread2：我还想要得到A的锁
线程thread1：我还想要得到B的锁
```

图 2-39 实验结果

六、实验总结

（1）使用多线程时，要注意死锁问题。

（2）产生死锁的原因。

①竞争资源。资源（打印机、公用队列）数目不能满足进程需要时。

②进程间推进顺序非法。进程在运行过程中，请求和释放资源的顺序不当，也同样会导致进程死锁。

七、主要程序代码

1. A 线程

```
Public void AccessA(){
        flag = false;
        //锁 A
        synchronized (A) {
            System.out.println("线程 thread1：我得到了 A 的锁");
                try { Thread.sleep(1000);
                } catch (InterruptedException e) {
                    e.printStackTrace();
                }
                System.out.println("线程 thread1：我还想要得到 B 的锁");
                //锁 B
                synchronized (B) {
                    System.out.println("线程 thread1：我得到了 B 的锁");
                        try { Thread.sleep(1000);
                        } catch (InterruptedException e) {
                            e.printStackTrace();
                        }
                        System.out.println("线程 thread1：我还想要得到 A 的锁");
                }
        }
    }
```

2. B 线程

```
publicvoid AccessB(){
        flag =true;
        //锁 B
        synchronized (B) {
            System.out.println("线程 thread2：我得到了 B 的锁");
                try { Thread.sleep(1000);
                } catch (InterruptedException e) {
                    e.printStackTrace();
                }
                System.out.println("线程 thread2：我还想要得到 A 的锁");
                //锁 A
                synchronized (A) {
                    System.out.println("线程 thread2：我得到了 A 的锁");
                        try { Thread.sleep(1000);
```

```
                    } catch (InterruptedException e) {
                        e.printStackTrace();
                    }
                    System.out.println("线程 thread1：我还想要得到 A 的锁");
                }
            }
        }
```

实验二　银行家算法程序

一、实验目的及要求

（1）加深了解有关资源申请、避免死锁等概念。

（2）体会和了解死锁和避免死锁的具体实施方法。

（3）死锁的相关知识。

（4）银行家算法,系统安全性检查。

二、实验环境

Microsoft Visual Studio 2013 环境，用 C++语言编写。

三、实验内容

（1）输入各个进程的最大需求资源、已分配资源、系统可用资源，并有序地显示出来。

（2）输入申请的进程号和对应的要求，并对其进行资源请求算法判断。

（3）在上面判断合法的前提下进行试分配，利用安全性算法求出安全序列。

（4）如果存在不安全，也即存在死锁，找到占用最多资源的进程，并接触占用。

四、算法描述及实验步骤

该程序是在银行家算法的基础上添加了死锁的解除模块而来，死锁的解除采用的方法是：当系统发生死锁时，找到已分配资源最大的死锁进程，剥夺其已分配资源，再次检测是否发生死锁。

1. 算法思想

先对用户提出的请求进行合法性检查，即检查请求是否大于需要的，是否大于可利用的。若请求合法，则进行预分配，对分配后的状态调用安全性算法进行检查。若安全，则分配；若不安全，则查找出占用资源最多的进程，剥夺其已分配资源，再次检测是否发生死锁。

2. 资源请求算法步骤

（1）如果 Request＜or =Need,则转向步骤(2)；否则，认为出错，因为它所需要的资源数已超过它所宣布的最大值。

（2）如果 Request＜or=Available,则转向步骤（3）；否则，表示系统中尚无足够的资源，进程必须等待。

（3）系统试探把要求的资源分配给进程 Pi,并修改下面数据结构中的数值。

Available=Available-Request;

Allocation=Allocation+Request;

Need=Need-Request;

（4）系统执行安全性算法，检查此次资源分配后，系统是否处于安全状态。

3. 安全性算法步骤

（1）设置两个向量。

①Work。它表示系统可提供进程继续运行所需要的各类资源数目，执行安全算法开始时，Work=Available。

②Finish。它表示系统是否有足够的资源分配给进程，使之运行完成，开始时先做 Finish[i]=false，当有足够资源分配给进程时，令 Finish[i]=true。

（2）查找这样的 i 使其满足下列条件。

Finish[i]=false

Need<or=Work

如找到，执行步骤（3）；否则，执行步骤（4）。

（3）当进程获得资源后，可顺利执行，直至完成，并释放出分配给它的资源，故应执行以下语句：

Work=Work+Allocation;

Finish[i]=true;

转向步骤（2）。

（4）如果所有进程的 Finish[i]=true,则表示系统处于安全状态；否则，系统处于不安全状态。

数据结构：

①可用资源向量 available。这是一个含有 m 个元素的数组，其中的每一个元素代表一类可利用资源数目。

②最大需求矩阵 max。它定义了系统中 n 个进程每一个进程对类资源的最大需求。

③可分配矩阵 allocation。这也一个的矩阵，定义了系统中每一类资源当前已分配给每一进程的资源数。

④需求矩阵 need。这表示每一个进程尚需的各类资源数。

⑤need[i][j]=max[i][j]-allocation[i][j]。

变量说明：

- 可用资源向量 available[3];
- 最大需求矩阵 max[4][3];
- 可分配矩阵 allocation[4][3];

- 需求矩阵 need[4][3];
- 进程状态标识 finish[4]。

3. 算法流程图

如图 2-40 所示。

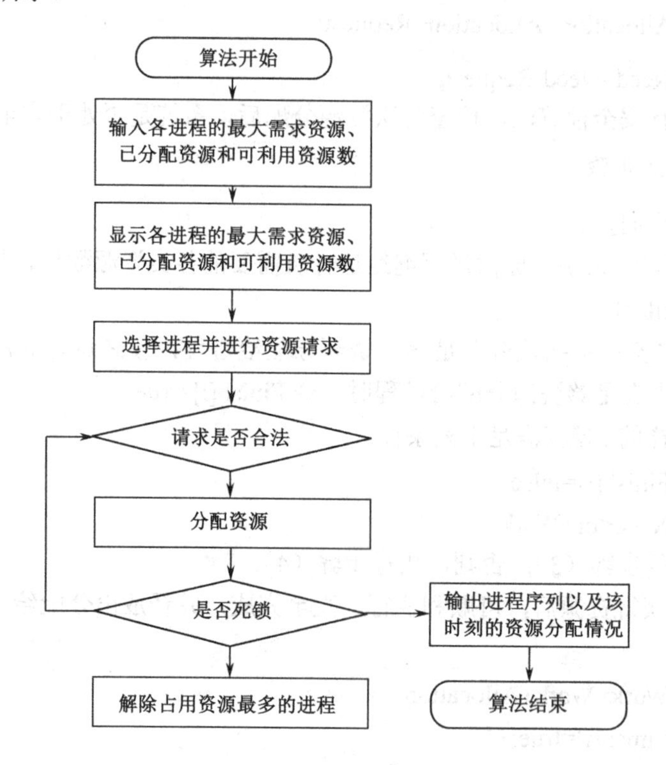

图 2-40　算法流程图

五、实验结果

（1）T0 时刻的资源分配表(各种资源的数量分别为：10、5、7)，见表 2-2。

表 2-2

资源情况 / 进程	Max A B C	Allocation A B C	Need A B C	Available A B C
0	4 6 8	2 4 4	2 2 4	2 2 5
1	5 3 2	1 1 0	4 2 2	
2	4 4 4	2 2 1	2 2 3	
3	3 7 5	1 3 2	2 4 3	

①请求进程：0，需要资源（2,2,2）

②请求进程：1，需要资源（2,2,2）

③请求进程：2，需要资源（2,2,7）

（2）模拟一个银行家算法,初始化时让系统拥有一定的资源,用键盘输入的方式申请资源，如图 2-41 所示。

```
                      死锁的检测与解除
                                 A B C
请输入进程0对3类资源的最大需求：4 6 8
请输入进程1对3类资源的最大需求：5 3 2
请输入进程2对3类资源的最大需求：4 4 4
请输入进程3对3类资源的最大需求：3 7 5
请输入进程0已分配的3类资源量：2 4 4
请输入进程1已分配的3类资源量：1 1 0
请输入进程2已分配的3类资源量：2 2 1
请输入进程3已分配的3类资源量：1 3 2
请输入可利用的3类资源量：2 2 5
该时刻3类资源的分配情况如下：
        MAX            ALOCAT           NEED          AUAILABLE
进程0：4 6 8           2 4 4            2 4 4          2 2 5
进程1：5 3 2           1 1 0            4 2 4
进程2：4 4 4           2 2 1            2 2 3
进程3：3 7 5           1 3 2            2 4 3
```

图 2-41　模拟银行家算法

（3）如果预分配后，系统处于安全状态，则修改系统的资源分配情况,如果预分配后，系统处于不安全状态，则提示不能满足请求。

①无死锁，如图 2-42 所示。

```
请输入请求资源的进程号：0

请输入进程0对3类资源的需求量：2 2 2

检测结果：不存在死锁！
安全序列为：0      1      2      3
该时刻3类资源的分配情况如下：
        MAX            ALOCAT           NEED          AUAILABLE
进程0：4 6 8           4 6 6            0 0 2          0 0 3
进程1：5 3 2           1 1 0            4 2 2
进程2：4 4 4           2 2 1            2 2 3
进程3：3 7 5           1 3 2            2 4 3
Press any key to continue
```

图 2-42　模拟无死锁

②有死锁，如图 2-43 所示。

```
请输入请求资源的进程号：1

请输入进程1对3类资源的需求量：2 2 2

存在死锁！

撤销进程0所占用的资源！

检测结果：不存在死锁！
安全序列为：1    0    2    3
该时刻3类资源的分配情况如下：
        MAX            ALOCAT           NEED          AUAILABLE
进程0：4 6 8           0 0 0            4 6 8          0 4 7
进程1：5 3 2           5 3 2            0 0 0
进程2：4 4 4           2 2 1            2 2 3
进程3：3 7 5           1 3 2            2 4 3
Press any key to continue
```

图 2-43　模拟有死锁

③请求量大，如图 2-44 所示。

```
请输入请求资源的进程号：2
请输入进程2对3类资源的需求量：2 2 7
申请的资源数量大于自身需求的最大值！请重新输入！
请输入进程2对3类资源的需求量：1 1 0
安全序列为：2 0 1 3
该时刻3类资源的分配情况如下：
         MAX            ALOCAT       NEED        AUAILABLE
进程0：4 6 8            2 4 4        2 2 4         1 1 5
进程1：5 3 2            1 1 0        4 2 2
进程2：4 4 4            3 3 1        1 1 3
进程3：3 7 5            1 3 2        2 4 3
```

图 2-44　请求资源最大

六、总结

银行家算法是避免死锁的一种重要方法，通过编写一个简单的银行家算法程序，加深了解有关资源申请、避免死锁等概念，并体会死锁和避免死锁的具体实施方法。死锁的产生，必须同时满足四个条件，即一个资源每次只能由一个进程；第二个为等待条件，即一个进程请求资源不能满足时，它必须等待，但它仍继续保持已得到的所有其他资源；第三个为非剥夺条件，即在出现死锁的系统中一定有不可剥夺使用的资源；第四个为循环等待条件，系统中存在若干个循环等待的进程，即其中每一个进程分别等待它前一个进程所持有的资源。防止死锁的机构只能确保上述四个条件之一不出现，系统就不会发生死锁。

七、主要程序代码

```
#include<stdio.h>
#define M 4 //进程数
#define N 3 //资源种类数
int available[3]={0,0,0};                                    //各进程可利用的资源情况
int max[4][3]={{0,0,0},{0,0,0},{0,0,0},{0,0,0}};             //各进程最大需求的资源情况
int allocation[4][3]={{0,0,0},{0,0,0},{0,0,0},{0,0,0}};      //各进程已经分配的资源情况
int need[4][3]={{0,0,0},{0,0,0},{0,0,0},{0,0,0}};            //各进程仍需要的资源情况
int request[3]={0,0,0};                                      //某进程请求的资源情况

/***************输入初始的资源状况***************/
void input();
/***************显示当前的资源状况***************/
void output();
/***************给某进程分配资源****************/
void change(int n)
{
     int j;
     for(j=0;j<N;j++)
```

```
        {
            available[j]=available[j]-request[j];
            allocation[n][j]=allocation[n][j]+request[j];
            need[n][j]=need[n][j]-request[j];
        }
}

/***************找出占用资源最多的进程***************/
int findmany()
{
    int i=0,j=0,k=0,l=0;
    i=allocation[0][0]+allocation[0][1];
    i+=allocation[0][2];
    j=allocation[1][0]+allocation[1][1];
    j+=allocation[1][2];
    k=allocation[2][0]+allocation[2][1];
    k+=allocation[2][2];
    l=allocation[3][0]+allocation[3][1];
    l+=allocation[3][2];
    if(i>=j)
    {
        if(i>=k)
        {
            if(i>=l)    return 0;
            else        return 3;
        }
        else
        {
            if(k>=l)    return 2;
            else        return 3;
        }
    }
    else
    {
        if(j>=k)
        {
            if(j>=l)    return 1;
            else  return 3;
        }
        else
```

```
            {
                if(k>=l)    return 2;
                else        return 3;
            }
        }
}
/***************找出需要资源最少的进程***************/
int findfew()
{
        int i=0,j=0,k=0,l=0;
        i=need[0][0]+need[0][1];
        i+=need[0][2];
        j=need[1][0]+need[1][1];
        j+=need[1][2];
        k=need[2][0]+need[2][1];
        k+=need[2][2];
        l=need[3][0]+need[3][1];
        l+=need[3][2];
        if(i<=j)
        {   if(i<=k)
            {
                if(i<=l)    return 0;
                else        return 3;
            }
            else
            {   if(k<=l)    return 2;
                else        return 3;
            }
        }
        else
        {
            if(j<=k)
            {
                if(j<=l)    return 1;
                else        return 3;
            }
            else
            {
                if(k<=l)    return 2;
```

```
                else            return 3;
            }
        }
}
/***************安全性检测***************/
int checksafe(int n)
{
        int work[3],finish[M],que[M];
        int i=0,k=0;
        for(i=0;i<M;i++)
            finish[i]=false;
        for(;;)
        {
                work[0]=available[0];
            work[1]=available[1];
                work[2]=available[2];
                i=n;
                while(i<M)
                {
        if(finish[i]==false&&need[i][0]<=work[0]&&need[i][1]<=work[1]&&need[i][2]<=work[2])
                        {
                                work[0]+=allocation[i][0];
                                work[1]+=allocation[i][1];
                                work[2]+=allocation[i][2];
                                finish[i]=true;
                                que[k]=i;
                                k++;
                                i=0;
                        }
                        else
                                i++;
                }
                for(i=0;i<M;i++)
                        if(finish[i]==false)
                        {       printf("存在死锁！ \n");
                          return 1;
                                break;
                        }
                break;
```

```
        }
        printf("\n 检测结果:不存在死锁！ \n");
        printf("安全序列为:");
        for(i=0;i<M;i++)
        printf("%d\t\n",que[i]);
        return 0;
}

/***************主函数****************/
void main()
{   int m=0,n=0,i=0,j=0;
        printf("\t\t\t 死锁的检测与解除\n");
      input();
        output();
            printf("请输入请求资源的进程号:");
          scanf("%d",&n);
            printf("\n 请输入进程%d 对 3 类资源的需求量:\n",n);
        change(n);
        if(checksafe(n))
        {     check:
        {   m=findmany();
            printf("\n");
            printf("撤销进程%d 所占用的资源！ \n",m);
          for(j=0;j<3;j++)
            {     available[j]+=allocation[m][j];
                  need[m][j]+=allocation[m][j];
                  allocation[m][j]=0;
            }
            n=findfew();
            for(j=0;j<3;j++)
            { request[j]=need[n][j];        }
            change(n);
            if(checksafe(n))
           goto check;
        }
        }
        output();
}
```

实验三　人脸识别中的死锁问题

一、实验目的及要求

（1）了解多核处理器与多线程的关系原理。

（2）理解多线程编程中死锁的产生机制。

（3）掌握死锁避免的方法。

（4）掌握循环队列在避免死锁中的应用。

二、实验环境

Microsoft Visual Studio 2010 环境，OpenCV 2.43,用 C++语言编写。

三、实验内容

（1）在 C++中创建线程，解决智能车中人脸识别 A 与行人检测 B 共用一个摄像机的图像 C 的问题。

（2）使用循环队列避免读写冲突。

四、算法描述及实验步骤

（1）智能车中人脸识别 A 与行人检测 B 共用一个摄像机的图像 C。

（2）线程 A/B 共用一公共数据。

（3）线程 A/B 读线程 C 的结果。

五、调试过程及实验结果

（1）人脸识别单线程运行结果，如图 2-45 所示。

图 2-45　人脸识别

（2）行人检测单线程结果，如图 2-46 所示。

图 2-46　行人检测

（3）多线程同时处理人脸识别和行人检测，如图 2-47 所示。

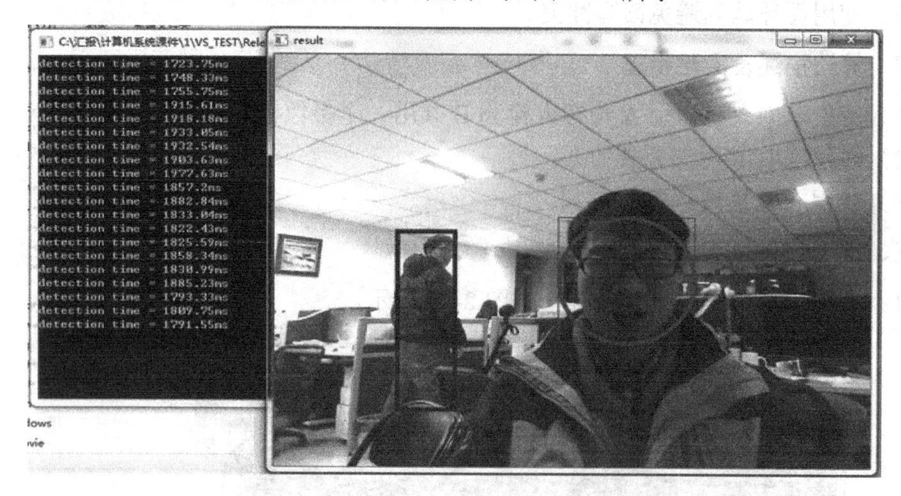

图 2-47　人脸识别和行人检测

六、实验总结

（1）采用单线程同时处理人脸识别和行人检测，耗时很大，运行很难。

（2）采用多线程同时处理人脸识别和行人检测，如果进行死锁避免，将会出错。

（3）使用循环队列可以很好的避免死锁问题，但是仍存在风险。

七、主要实验程序代码

1. 人脸检测程序

```
//包含必要的头文件
//#include……
static CvMemStorage* storage = 0;
```

```
static CvHaarClassifierCascade* cascade = 0;
void detect_and_draw( IplImage* image );
const char* cascade_name =  "haarcascade_frontalface_alt2.xml";
int main( int argc, char** argv )
{
        CvCapture* pCap = cvCreateCameraCapture( 0 );
        IplImage *frame = NULL;
        if (cvCreateCameraCapture == NULL)
        {       printf("打不开");}
        cascade = (CvHaarClassifierCascade*)cvLoad( cascade_name, 0, 0, 0 );
        if( !cascade )
        {       fprintf( stderr, "ERROR: Could not load classifier cascade\n" );
                return -1;  }
        storage = cvCreateMemStorage(0);
        cvNamedWindow( "result", 1 );
        clock_t   clockBegin, clockEnd;
        while ((frame = cvQueryFrame(pCap)) != 0 &&   cvWaitKey(1) != 27)
        {       clockBegin = clock();
                frame = cvQueryFrame(pCap);
                detect_and_draw( frame );
                cvShowImage("result", frame);
                cvSaveImage("Face.jpg",frame);
                clockEnd = clock();
                printf("the time of detection is %d ms\n",clockEnd - clockBegin);
        }
        cvDestroyWindow("result");
        cvReleaseImage(&frame);
        cvReleaseCapture(&pCap);
        return 0; }
//绘画
void detect_and_draw(IplImage* img )
{
        double scale=1.2;
        static CvScalar colors[] = {
                {{0,0,255}},{{0,128,255}},{{0,255,255}},{{0,255,0}},
                {{255,128,0}},{{255,255,0}},{{255,0,0}},{{255,0,255}}       };
        IplImage* gray = cvCreateImage(cvSize(img->width,img->height),8,1);
        IplImage* small_img=cvCreateImage(cvSize(cvRound(img->width/scale),cvRound(img-
>height/scale)),8,1);
```

```
        cvCvtColor(img,gray, CV_BGR2GRAY);
        cvResize(gray, small_img, CV_INTER_LINEAR);
        cvEqualizeHist(small_img,small_img); //直方图均衡
        cvClearMemStorage(storage);
        CvSeq* objects = cvHaarDetectObjects(small_img,        cascade,            storage,
            1.1, 2,      0/*CV_HAAR_DO_CANNY_PRUNING*/,   cvSize(30,30));
        for(int i=0;i<(objectsobjects->total:0);++i)
        {     CvRect* r=(CvRect*)cvGetSeqElem(objects,i);
            cvRectangle(img, cvPoint(r->x*scale,r->y*scale), cvPoint((r->x+r->width)*scale,(r->y+r-
            >height)*scale), colors[i%8]);        }
        for( int i = 0; i < (objectsobjects->total : 0); i++ )
        {     CvRect* r = (CvRect*)cvGetSeqElem( objects, i );
            CvPoint center;
            int radius;
            center.x = cvRound((r->x + r->width*0.5)*scale);
            center.y = cvRound((r->y + r->height*0.5)*scale);
            radius = cvRound((r->width + r->height)*0.25*scale);
            cvCircle( img, center, radius, colors[i%8], 3, 8, 0 );
        }
        cvShowImage( "result", img );
        cvReleaseImage(&gray);
        cvReleaseImage(&small_img);
}
```

2. 行人检测程序

```
//#include …
void pedestrian_detection(IplImage* src)
{     HOGDescriptor hog;
      hog.setSVMDetector(HOGDescriptor::getDefaultPeopleDetector());
      vector<Rect> found, found_filtered;
      hog.detectMultiScale(src, found, 0, Size(8,8), Size(32,32), 1.05, 2);
      size_t i, j;
      for( i = 0; i < found.size(); i++ )
      {Rect r = found[i];
       for( j = 0; j < found.size(); j++ )
            if( j != i && (r & found[j]) == r)
                  break;
       if( j == found.size() )
            found_filtered.push_back(r);
      }
```

```
    for( i = 0; i < found_filtered.size(); i++ )
    {
     Rect r = found_filtered[i];
     r.x += cvRound(r.width*0.1);
     r.width = cvRound(r.width*0.8);
     r.y += cvRound(r.height*0.07);
     r.height = cvRound(r.height*0.8);
     cvRectangle(src, r.tl(), r.br(), cv::Scalar(0,255,0), 3);
    }}

int main( int argc, char** argv )
{
    CvCapture* pCap = cvCreateCameraCapture( 0 );
    IplImage *frame = NULL;
    if (cvCreateCameraCapture == NULL)
    {printf("打不开");}
    cvNamedWindow( "result", 1 );
    clock_t   clockBegin, clockEnd;
    while ((frame = cvQueryFrame(pCap)) != 0 &&   cvWaitKey(1) != 27)
    {
     clockBegin = clock();
     frame = cvQueryFrame(pCap);
     pedestrian_detection(frame);
     cvShowImage("result", frame);
     clockEnd = clock();
     printf("the time of detection is %d ms\n",clockEnd - clockBegin);
    }
    cvDestroyWindow("result");
    cvReleaseImage(&frame);
    cvReleaseCapture(&pCap);
    return 0;
}
```

3. 多线程程序

```
#include…
using namespace cv;
using namespace std;
DWORD WINAPI ChildFunc1(LPVOID);//图片采集
DWORD WINAPI ChildFunc2(LPVOID);//人脸识别
DWORD WINAPI ChildFunc3(LPVOID);//行人检测
```

```
int recvcount = 0;
IplImage* Image[10];
static CvMemStorage* storage = 0;
static CvHaarClassifierCascade* cascade = 0;
const char* cascade_name = "haarcascade_frontalface_alt2.xml";
void detect_and_draw(IplImage* img ) ;
void pedestrian_detection(IplImage* src);
int main(int argc, char* argv[])
{
        for (int i = 0;i<10;i++)
        {Image[i] = cvCreateImage(cvSize(640,480),8,1);     }
        CvCapture* pCap = cvCreateCameraCapture( 0 );
        IplImage* frame = NULL;
        while((frame = cvQueryFrame(pCap)) != 0 &&   cvWaitKey(1) != 27)
        {   Image[recvcount] = cvQueryFrame(pCap);
         cvShowImage("src",Image[recvcount]);
         pedestrian_detection(Image[recvcount]);
         cvShowImage("src",Image[recvcount]);
         recvcount = recvcount + 1;
         if(recvcount>9)
         {recvcount = recvcount%10;        }
         Sleep(10);
        }
         while(1)
         { Sleep(1);   }
         for (int i = 0;i<10;i++)
         { cvReleaseImage(&Image[i]); }
}
#pragma   region   图像采集线程
DWORD WINAPI ChildFunc1(LPVOID p)
{
        while(1)
        {
         printf("chengxu1\n");
         recvcount = recvcount%10;
        }

        return 0;
}
```

```
//人脸识别线程
DWORD WINAPI ChildFunc2(LPVOID p)
{
    while(1)
    {printf("chengxu2\n");              }
    return 0;
}
//行人检测
DWORD WINAPI ChildFunc3(LPVOID p)
{
    while(1)
    {
printf("chengxu3\n");
      pedestrian_detection( Image[10-recvcount%10]);
      cvShowImage("Pedestrian Detection", Image[10-recvcount%10]);
    }
    return 0;
}
void pedestrian_detection(IplImage* src)
{
    HOGDescriptor hog;
    hog.setSVMDetector(HOGDescriptor::getDefaultPeopleDetector());

    vector<Rect> found, found_filtered;
    hog.detectMultiScale(src, found, 0, Size(8,8), Size(32,32), 1.05, 2);
    size_t i, j;
    for( i = 0; i < found.size(); i++ )
    {
     Rect r = found[i];
     for( j = 0; j < found.size(); j++ )
          if( j != i && (r & found[j]) == r)
               break;
     if( j == found.size() )
          found_filtered.push_back(r);
    }
    for( i = 0; i < found_filtered.size(); i++ )
    {
     Rect r = found_filtered[i];
     r.x += cvRound(r.width*0.1);
```

```
        r.width = cvRound(r.width*0.8);
        r.y += cvRound(r.height*0.07);
        r.height = cvRound(r.height*0.8);
        cvRectangle(src, r.tl(), r.br(), cv::Scalar(0,255,0), 3);
    }
}
void detect_and_draw(IplImage* img )
{
    double scale=1.2;
    static CvScalar colors[] = {
      {{0,0,255}},{{0,128,255}},{{0,255,255}},{{0,255,0}},
      {{255,128,0}},{{255,255,0}},{{255,0,0}},{{255,0,255}}
    };
    IplImage* gray = cvCreateImage(cvSize(img->width,img->height),8,1);
    IplImage* small_img=cvCreateImage(cvSize(cvRound(img->width/scale),cvRound(img-
      >height/scale)),8,1);
    cvCvtColor(img,gray, CV_BGR2GRAY);
    cvResize(gray, small_img, CV_INTER_LINEAR);
    cvEqualizeHist(small_img,small_img); //直方图均衡
    CvSeq* objects = cvHaarDetectObjects(small_img, cascade,    storage,   1.1,  2,
    0/*CV_HAAR_DO_CANNY_PRUNING*/,    cvSize(30,30));
    //Loop through found objects and draw boxes around them
    for(int i=0;i<(objectsobjects->total:0);++i)
    {      CvRect* r=(CvRect*)cvGetSeqElem(objects,i);
      cvRectangle(img,cvPoint(r->x*scale,r->y*scale), cvPoint((r->x+r->width)*scale,(r->y+r->height)
        *scale), colors[i%8]);
    }
    for( int i = 0; i < (objectsobjects->total : 0); i++ )
    {      CvRect* r = (CvRect*)cvGetSeqElem( objects, i );
      CvPoint center;
      int radius;
      center.x = cvRound((r->x + r->width*0.5)*scale);
      center.y = cvRound((r->y + r->height*0.5)*scale);
      radius = cvRound((r->width + r->height)*0.25*scale);
      cvCircle( img, center, radius, colors[i%8], 3, 8, 0 );  }
    cvShowImage( "result", img );
    cvReleaseImage(&gray);
    cvReleaseImage(&small_img);
}
```

2.4 节实验程序清单

实验程序序号	程序说明	对应章节
46	A-B 竞争资源	2.4 实验一
47	银行家算法	2.4 实验二
48	人脸识别程序	2.4 实验三
49*	银行家算法	
50*	银行家算法	

*号为课外自主实验参考程序，附有文档说明。

第3章 内存管理

内存管理，是指软件运行时对计算机内存资源的分配和使用的技术，其最主要的目的是如何高效、快速地分配，并且在适当的时候释放和回收内存资源。

内存可以通过许多媒介实现，例如磁带或磁盘或小阵列容量的微芯片。从 20 世纪 50 年代开始，计算机变得更复杂，其内部由许多种类的内存组成，内存管理的任务也变得更加复杂，甚至必须在一台机器上同时执行多个进程。

虚拟内存是内存管理技术的一个极其实用的创新，它是一段程序（由操作系统调度），持续监控着所有物理内存中的代码段、数据段，并保证它们在运行中的效率及可靠性，对每个用户层（user-level）的进程分配一段虚拟内存空间。当进程建立时，不需要在物理内存之间搬移数据，数据储存于磁盘内的虚拟内存空间，也不需要为该进程去配置主内存空间，只有当该进程被调用的时候才会被加载到主内存。

可以想象，一个很大的程序，当它执行时被操作系统调用，其运行需要的内存数据都存到磁盘内的虚拟内存，只有需要用到的部分才被加载到主内存内部运行。

3.1 内存分配

实验一 内存分配与回收

一、实验目的及要求

通过这次实验，加深对内存管理的认识，进一步掌握内存的分配、回收算法的思想。

二、实验环境

Microsoft Visual Studio 2012 环境，用 C++语言编写。

三、实验内容

设计程序模拟内存动态分区的内存管理方法。内存空闲区使用空闲分区表进行管理，采用最先适应算法从空闲分区表中寻找空闲区进行分配，内存回收时不考虑与相邻空闲区的合并。

假定系统的内存共 640K，初始状态为操作系统本身占用 40K。t1 时刻，为作业 A、B、C 分配 80K、60K、100K 内存空间；t2 时刻作业 B 完成；t3 时刻为作业 D 分配 50K 的内存空间；t4 时刻作业 C、A 完成；t5 时刻作业 D 完成。要求编程分别输出 t1、 t2、t3、t4、t5 时刻内存空闲区的状态。

四、实验结果

（1）界面图，如图 3-1 所示。

```
********************************MENU***********************************
**************            Enter：r        请求分配内存       **************
**************            Enter：s        结束进程           **************
**************            Enter：p        打印分配情况       **************
**************            Enter：e        退出               **************
```

图 3-1 截面图

（2）分配内存，如图 3-2 所示。

```
r
请输入请求进程的name，len:a 80
r
请输入请求进程的name，len:b 60
r
请输入请求进程的name，len:c 100
```

图 3-2 分配内存

（3）打印分配情况，如图 3-3 所示。

```
p
当前的进程有：
name        address        length
a           40             80
b           120            60
c           180            100
当前的空闲分区有：
address     length
280         360
```

图 3-3 内存分配情况

（4）结束某个进程后的显示，如图 3-4 所示。

```
s
请输入要结束进程的 name: b
p
当前的进程有：
name        address        length
a           40             80
c           180            100
当前的空闲分区有：
address     length
280         360
120         60
```

图 3-4 模拟进程过程

五、实验总结

本次试验的输出结果和预计输出一致，通过本次试验，更加深刻地理解了内存的管理、分配和回收等。本次试验也是对理论学习进行模拟的实践，是对课本知识更深层次的理解，更深地认识到不同的分配算法、回收算法的优缺点，同时编程能力也有所提高 。

六、主要程序代码

（1）变量和结构体声明。

```
#define maxPCB 6                                //最大进程数
#define maxPart 6                               //最大空闲分区数
#define size 10                                 //不在切割剩余分区的大小
typedef struct PCB_type
{    char name;                                 //进程名
     int address;                               //进程所占分区首地址
     int len;                                   //进程所占分区的长度
     int valid;                                 //PCB 标识符（有效，无效）
} PCB;
typedef struct seqlist                          //进程信息队列
{    PCB PCBelem[maxPCB];                       //maxPCB 为系统中允许的最多进程数
     int total;                                 //系统中实际的进程数
} PCBseql;
//分区类型的描述
typedef struct Partition
{    int address;                               //分区起址
     int len;                                   //分区的长度
     int valid;                                 //有效标识符（有效，无效）
}Part;
//内存空闲分区表（顺序表）描述
typedef struct Partlist                         //空白分区链
{    Part Partelem[maxPart];//maxPart 为系统中可能的最多空闲分区数
     int sum;                                   //系统中世纪的分区数
}Partseql;
//全局变量
PCBseql *pcbl;                                  //进程队列指针
Partseql *partl;                                //空闲队列指针
```

（2）初始化进程表 vpcbl。

```
void initpcb()
{
     int i;
     pcbl->PCBelem[0].address=0;
     pcbl->PCBelem[0].len=40;
     pcbl->PCBelem[0].name='s';
     pcbl->PCBelem[0].valid=1;
     pcbl->total=0;
```

```
        for(i=1;i<maxPCB;i++)
        {
         pcbl->PCBelem[i].name='\0';
         pcbl->PCBelem[i].address=0;
         pcbl->PCBelem[i].len=0;
         pcbl->PCBelem[i].valid=0;
        }
}
```

（3）初始化空闲分区表 vpartl。

```
void initpart()
{
        int i;
        partl->Partelem[0].address=40;
        partl->Partelem[0].len=600;
        partl->Partelem[0].valid=1;
        for(i=1;i<maxPart;i++)
        {
         partl->Partelem[i].address=0;
         partl->Partelem[i].len=0;
         partl->Partelem[i].valid=0;
        }
        partl->sum=1;
}
```

（4）进程 name 请求 len 大小的内存。

```
void request(char name,int len)      //进程 name 请求 len 大小的内存
{
        int i,j,k;
        int address;
        for(i=0;i<partl->sum;i++)
        {
         if(partl->Partelem[i].len>=len)
         {
               address=partl->Partelem[i].address;
               if(partl->Partelem[i].len-len>=size)
               {
                        partl->Partelem[i].address+=len;
                        partl->Partelem[i].len-=len;
                        partl->Partelem[i].valid=1;
               }
```

```
            else
            {
                for(j=i;j<maxPart-1;j++)
                {
                    partl->Partelem[j]=partl->Partelem[j+1];
                }
                partl->Partelem[j].valid=0;
                partl->Partelem[j].address=0;
                partl->Partelem[j].len=0;
                partl->sum--;
            }

          for(k=0;k<maxPCB;k++)
          {
              if(pcbl->PCBelem[k].valid==0)
              {
                  pcbl->PCBelem[k].address=address;
                  pcbl->PCBelem[k].len=len;
                  pcbl->PCBelem[k].name=name;
                  pcbl->PCBelem[k].valid=1;
                  pcbl->total++;
                  break;
              }
          }
            break;
        }
        else
            printf("内存紧张，暂时不予分配，请等待！");
    }
}
```

（5）回收 name 进程所占内存空间。

```
void release(char name)
{
    int i;
    for(i=0;i<maxPCB;i++)
    {
     if(pcbl->PCBelem[i].name==name)
     {
         if(pcbl->PCBelem[i].valid==0)
             printf("%c 进程非运行进程，无法结束！",name);
```

```
            else
            {
                pcbl->PCBelem[i].valid=0;
                pcbl->total--;
                partl->Partelem[partl->sum].address=pcbl->PCBelem[i].address;
                partl->Partelem[partl->sum].len=pcbl->PCBelem[i].len;
                partl->Partelem[partl->sum].valid=1;
                partl->sum++;
            }
        }
    }
}
```

（6）输出内存空闲分区。

```
void print()
{
//输出内存空闲分区
    int i;
    printf("当前的进程有：\n");
    printf("name        address         length\n");
    for(i=1;i<maxPCB;i++)
    {
      if(pcbl->PCBelem[i].valid==1)
    printf("%c    %d    %d\n",pcbl->PCBelem[i].name,pcbl->
PCBelem[i].address,pcbl->PCBelem[i].len);
    }
    printf("当前的空闲分区有：\n");
    printf("address         length\n");

    for(i=0;i<maxPart;i++)
    {
      if(partl->Partelem[i].valid==1)
            printf("%d              %d\n", partl->Partelem[i].address,partl->Partelem[i].len);
    }
}
```

（7）主函数。

```
void main()
{
        char ch;
        char pcbname;
```

```
int pcblen;
PCBseql pcb;
Partseql part;
pcbl=&pcb;
partl=&part;
initpcb();
initpart();
printf("\t**************************MENU****************************\n");
printf("\t**************        Enter: r     请求分配内存**************\n");
printf("\t**************        Enter: s     结束进程       **************\n");
printf("\t**************        Enter: p     打印分配情况**************\n");
printf("\t**************        Enter: e     退出           **************\n");
ch=getchar();
fflush(stdin);
while(ch!='e')
{
 switch(ch)
 {
      case 'r':
            printf("请输入请求进程的 name，len:");

            scanf("%c %d",&pcbname,&pcblen);
            fflush(stdin);
            request(pcbname,pcblen);
            break;
      case 's':
            printf("请输入要结束进程的 name：");
            scanf("%c",&pcbname);
            fflush(stdin);
         release(pcbname);
            break;
      case 'p':
            print();
            break;
      case 'e':
            exit(0);
 }
```

```
            ch=getchar();
            fflush(stdin);
        }
}
```

3.1 节实验程序清单

实验程序序号	程序说明	对应章节
51	内存分配与回收	3.1 实验

3.2　页面置换

在地址映射过程中，若在页面中发现所要访问的页面不在内存中，则产生缺页中断。当发生缺页中断时，如果操作系统内存中没有空闲页面，则操作系统必须在内存中选择一个页面将其移出内存，以便为即将调入的页面让出空间。用来选择淘汰哪一页的规则叫作页面置换算法。

常见的置换算法如下。

①最佳置换算法（OPT）

这是一种理想情况下的页面置换算法，但实际上是不可能实现的。该算法的基本思想是：发生缺页时，有些页面在内存中，其中有一页将很快被访问（也包含紧接着的下一条指令的那页），而其他页面则可能要到 10、100 或者 1000 条指令后才会被访问，每个页面都可以用在该页面首次被访问前所要执行的指令数进行标记。最佳页面置换算法只是简单地规定：标记最大的页应该被置换。这个算法唯一的问题就是它无法实现。当缺页发生时，操作系统无法知道各个页面下一次是在什么时候被访问。最佳页面置换算法可以用于对可实现算法的性能进行衡量比较。

②先进先出置换算法（FIFO）

这种算法的实质是，总是选择在主存中停留时间最长（最老）的一页置换，即先进入内存的页，先退出内存。理由是，最早调入内存的页，其不再被使用的可能性比刚调入内存的可能性大。建立一个 FIFO 队列，收容所有在内存中的页。被置换页面总是在队列头上进行。当一个页面被放入内存时，就把它插在队尾上。这种算法只是在按线性顺序访问地址空间[1] 时才是理想的，否则效率不高。因为那些常被访问的页，往往在主存中也停留得最久，结果它们因变“老”而不得不被置换出去。

FIFO 还有一个缺点，即它有一种异常现象，即在增加存储块的情况下，反而使缺页中断率增加。当然，导致这种异常现象的页面实际上是很少见的。

③最近最久未使用（LRU）算法

FIFO 算法和 OPT 算法之间的主要差别是，FIFO 算法利用页面进入内存后的时间长短作为置换依据，而 OPT 算法的依据是将来使用页面的时间。如果以最近的过去作为不久将来的近似，那么就可以把过去最长一段时间里不曾使用的页面置换掉。它的实质是，当需要置换一页时，选择在之前一段时间里最久没有使用过的页面予以置换。

④最少使用（LFU）置换算法

在采用最少使用置换算法时，应为内存中的每个页面设置一个移位寄存器，用来记录该页面被访问的频率。该置换算法选择在之前时期使用最少的页面作为淘汰页。由于存储器具有较高的访问速度，例如 100 ns，在 1 ms 时间内可能对某页面连续访问成千上万次，因此，通常不能直接利用计数器来记录某页被访问的次数，而是采用移位寄存器方式。每次访问某页时，便将该移位寄存器的最高位置 1，再每隔一定时间（如 100 ns）右移一次。这样，在最近一段时间使用最少的页面将是$\sum Ri$ 最小的页。应该指出，LFU 算法并不能真正反映出页面的使用情况，因为在每一时间间隔内，只是用寄存器的一位来记录页的使用情况，因此，访问一次和访问 1 万次是等效的。

实验一　页面置换算法模拟（C++实现）

一、实验目的及要求

深入掌握内存调度算法的概念原理和实现方法。

二、实验环境

Microsoft Visual Studio 2012 环境，用 C++语言编写。

三、实验内容

（1）先进先出页面置换算法（FIFO）。

（2）最近最久未使用页面置换算法（LRU）。

（3）最佳置换页面置换算法（OPT）。

设计一个虚拟存储区和内存工作区，编程演示以上三种算法的具体实现过程，并计算访问命中率，演示页面置换的三种算法。通过随机数产生一个指令序列，将指令序列转换成页地址流。计算并输出各种算法在不同内存容量下的缺页率。

四、实验步骤

实验流程如图 3-5 所示。

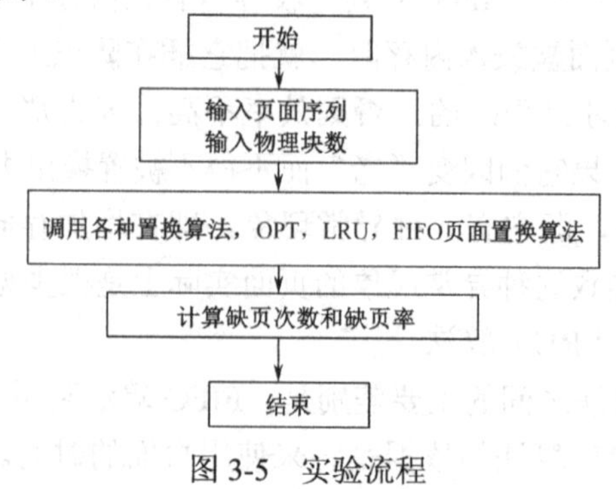

图 3-5　实验流程

五、实验结果

（1）FIFO 页面置换，如图 3-6 所示。

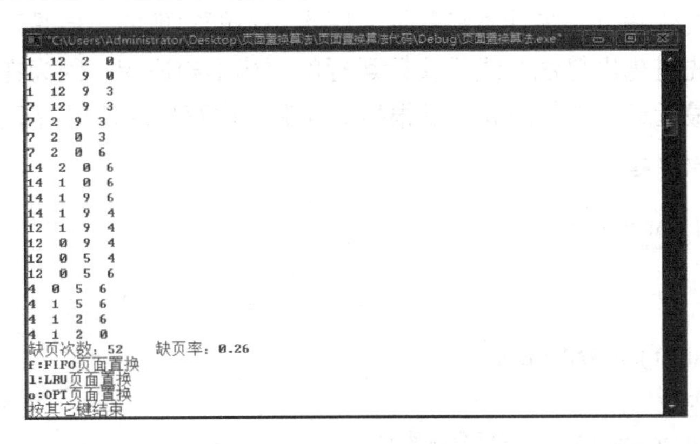

图 3-6 FIFO 页面置换

（2）LRU 页面置换，如图 3-7 所示。

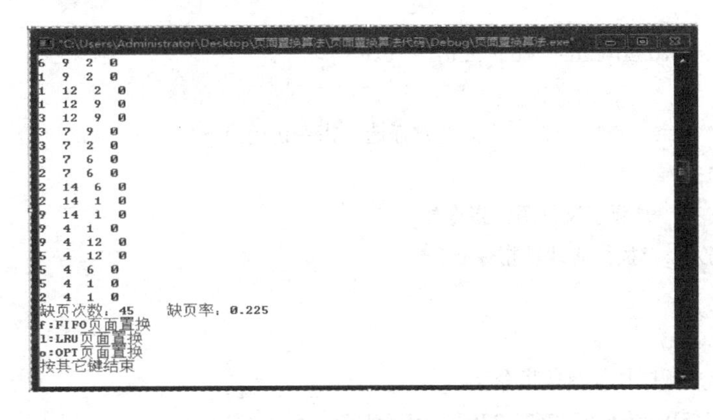

图 3-7 LRU 页面置换

（3）OPT 页面置换，如图 3-8 所示。

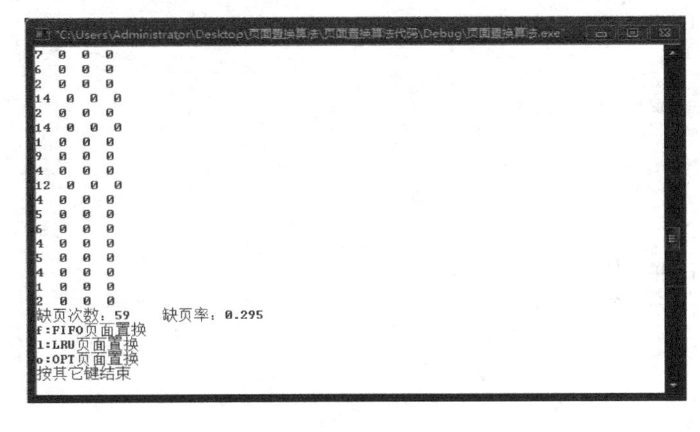

图 3-8 OPT 页面置换

六、实验总结

页面置换算法主要有最佳置换算法、先进先出置换算法、最近最久未使用算法。每种算法都有各自的优缺点，最佳置换算法实际上是不能实现的，但是可以利用该算法去评价其他算法；先进先出算法与进程实际运行的规律不相适应，因为在进程中，有些页面经常被访问；最近最久未使用算法是根据页面调入内存后的使用情况进行决策的。

七、主要程序代码

```
void Input(Pro p[total_instruction])
{
 int m,i,m1,m2;
 srand( (unsigned int )time(NULL));
 m=rand( )%160;   //
 for(i=0;i<total_instruction;) /*产生指令队列*/
 {
if(m<0||m>159)
 {
printf("When i==%d,Error,m==%d\n",i,m);      exit(0);
 }
 a[i]=m;                                          /*任选一指令访问点 m*/
 a[i+1]=a[i]+1;
a[i+2]=a[i]+2;        /*顺序执行两条指令*/
int m1=rand( )%m; /*执行前地址指令 m1 */
a[i+3]=m1;
a[i+4]=m1+1;
a[i+5]=m1 + 2;/*顺序执行两条指令*/
  // s=(158-a[i+5])*rand( )/32767/32767/2+a[i+5]+2;
 m2 = rand()%(157-m1)+m1+3;
 a[i+6]=m2;
 if( (m2+2) > 159 )
 {
          a[i+7] = m2+1;
          i +=8;
 }   else
  {
           a[i+7] = m2+1;
           a[i+8] = m2+2;
           i = i+9;
  }
m = rand()%m2;
```

```
}
for (i=0;i<total_instruction;i++) /*将指令序列变换成页地址流*/
{   p[i].num=a[i]/10;     p[i].time = 0;
}
}
void print(Pro *page1)//打印当前的页面
{ Pro *page=new Pro[N]; page=page1;
 for(int i=0;i<N;i++)
        cout<<page[i].num<<"";
 cout<<endl;
}
int   Search(int e,Pro *page1   )
{
 Pro *page=new Pro[N];
 page=page1;
 for(int i=0;i<N;i++)
        if(e==page[i].num)
                return i;
        return -1;
}
int Max(Pro *page1)
{
        Pro *page=new Pro[N];
        page=page1;
        int e=page[0].time,i=0;
        while(i<N)//找出离现在时间最长的页面
        {
 if(e<page[i].time)e=page[i].time;
 i++;
        }
   for( i=0;i<N;i++)
          if(e==page[i].time)
                return i;
          return -1;
}
int Compfu(Pro *page1,   int i,int t, Pro p[M])
{
        Pro *page=new Pro[N];
        page=page1;
```

```
int count=0;
for(int j=i;j<M;j++)
{   if(page[t].num==p[j].num )
break;
else count++;
}
return count;
}
```

实验二　页面置换算法模拟（Java 实现）

一、实验目的及要求

（1）了解虚拟内存页面置换概念。

（2）用 Java 语言实现页面置换算法。

（3）掌握调页策略。

（4）掌握一般常用的调度算法。

（5）选取调度算法中的典型算法，模拟实现。

二、实验环境

Eclipse 环境，用 Java 语言编写。

三、实验内容

设计程序模拟先进先出 FIFO、最佳置换 OPI 和最近最久未使用 LRU 页面置换算法的工作过程。假设内存中分配给每个进程的最小物理块数为 *m*，在进程运行过程中要访问的页面个数为 *n*，页面访问序列为 P1, … ,P*n*，分别利用不同的页面置换算法，调度进程的页面访问序列，给出页面访问序列的置换过程。

四、实验步骤

（1）利用先进先出 FIFO、最佳置换 OPI 和最近最久未使用 LRU 三种页面置换算法模拟页面访问过程。

（2）模拟三种算法的页面置换过程，给出每个页面访问时的内存分配情况。

（3）输入：最小物理块数 *m*，页面个数 *n*，页面访问序列 P1,…,P*n*。算法选择：1-FIFO，2-OPI，3-LRU。

五、实验结果

（1）先进先出 FIFO 页面置换算法，如图 3-9 所示。

```
-------- 先进先出置换算法------------
7
7 0
7 0 1
0 1 2
0 1 2
1 2 3
2 3 0
3 0 4
0 4 2
4 2 3
2 3 0
2 3 0
2 3 0
3 0 1
0 1 2
0 1 2
0 1 2
1 2 7
2 7 0
7 0 1
```

图 3-9　先进先出 FIFO 页面置换算法

（2）最佳页面 OPI 置换算法，如图 3-10 所示。

```
-------- 最佳置换算法------------
7
7 0
7 0 1
2 0 1
2 0 1
2 0 3
2 0 3
4 0 3
2 0 3
2 0 3
2 0 3
2 0 3
2 0 3
2 0 1
2 0 1
2 0 1
2 0 1
7 0 1
7 0 1
7 0 1
```

图 3-10　最佳页面 OPI 置换算法

（3）最近最久未使用 LRU 置换算法，如图 3-11 所示。

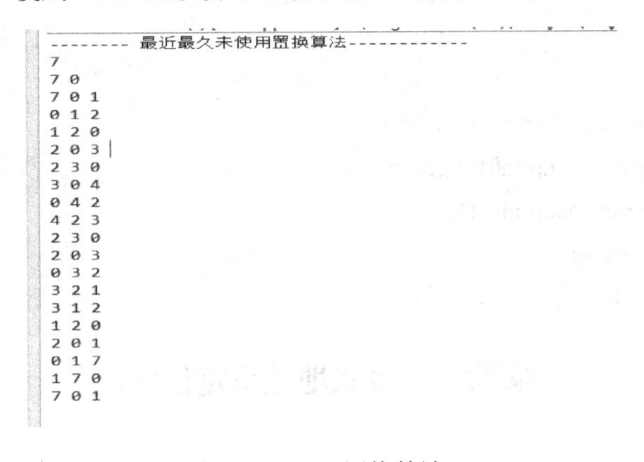

-------- 最近最久未使用置换算法------------
7
7 0
7 0 1
0 1 2
1 2 0
2 0 3
2 3 0
3 0 4
0 4 2
4 2 3
2 3 0
2 0 3
0 3 2
3 2 1
3 1 2
1 2 0
2 0 1
0 1 7
1 7 0
7 0 1

图 3-11　LRU 置换算法

六、实验总结

通过两次编程，又一次加深了对先进先出（FIFO）页面置换算法、最佳（OPI）置换算法和最近最久未使用（LRU）置换算法的理解。同时，也掌握了一些使界面输出看起来更工整的办法。还有，在平时做作业的时候，总是默认为物理块数为 3，其实它只是比较常用而已，并不是每次都是 3。这个在编程中会有体现，在今后做题时会更注意。

七、主要程序代码

```
public static void sLRU(int visit[],int volum)
    {
        int index=0;
        while(index<visit.length)
        {   boolean flag=false;
            if(list.size()<=volum)
            {   for(int i=0;i<list.size();i++)
                {   if((int)(list.get(i))==visit[index])
                    {  list.remove(i);//先删除
                       list.add(visit[index]);//再添加到尾部
                       flag=true;
                       break;  }          }
            if(!flag)
            {       if(list.size()<volum)
                {//如果栈未满，而且此页面没有在栈中，就将它入栈
                    list.add(visit[index]);  }
                else       {
//如果栈已经满了，且该页面号码没有在栈中，就把栈底元素删除，将新页插入
                    int temp=list.get(0);
                    list.remove(0);//最开始一个换出
                    list.add(visit[index]);//加到末尾
                }
            }
            for(int k=0;k<list.size();k++)
            System.out.print(list.get(k)+"");
            System.out.println();
            index++;
        }  }     }     }
```

实验三　页式地址重定位模拟

一、实验目的及要求

（1）用高级语言编写和调试模拟实现页式地址重定位。

（2）加深理解页式地址重定位技术在多道程序设计中的作用和意义。

二、实验环境

当进程在运行时，如指令中涉及逻辑地址，操作系统自动根据页长得到页号和页内偏移，把页内偏移拷贝到物理地址寄存器，再根据页号，查页表得到该页在内存中的块号，把块号左移页长的位数，写到物理地址寄存器。

三、实验内容

（1）设计页表结构。

（2）设计地址重定位算法。

（3）有良好的人机对话界面。

四、存储结构

```
typedef struct PageTable
{
        int page_num;
        int pic_num;
}PageTable;
PageTable PT[N];
typedef struct LogicalAdd
{
        int page_num;
        int page_add;
}LogicalAdd;
LogicalAdd LA;

int Page_length;//页长
int Page_num;//页数
int Process;//进程大小
int Address;//逻辑地址
```

五、函数列表

```
Input()；//输入
Init()；//初始化
Translate()；//生成物理地址
Output()；//输出
Main()；//主函数
```

六、运行结果截图

（1）相关输入，如图3-12所示。

"D:\OS_2\Debug\OS_2.exe"
*************欢迎使用页式地址重定位模拟系统*****************
---请输入以下选项---
1.输入信息;
2.查看页表;
3.查看物理地址;
4. 退出;
1
输入进程长度: 256
输入页长:16
请输入逻辑地址:123

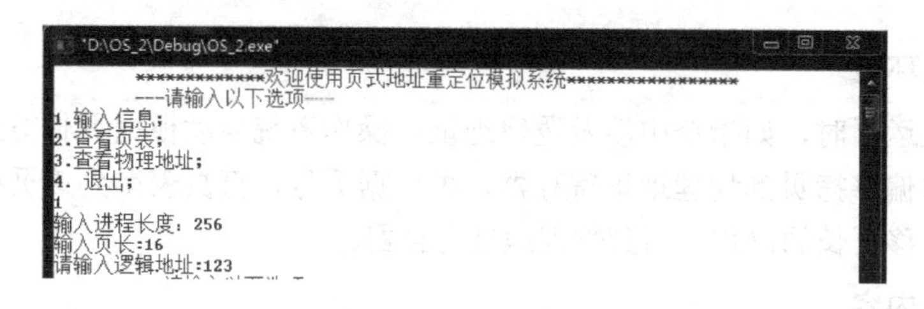

图 3-12　地址重定位模拟系统

（2）查看页表，如图 3-13 所示。

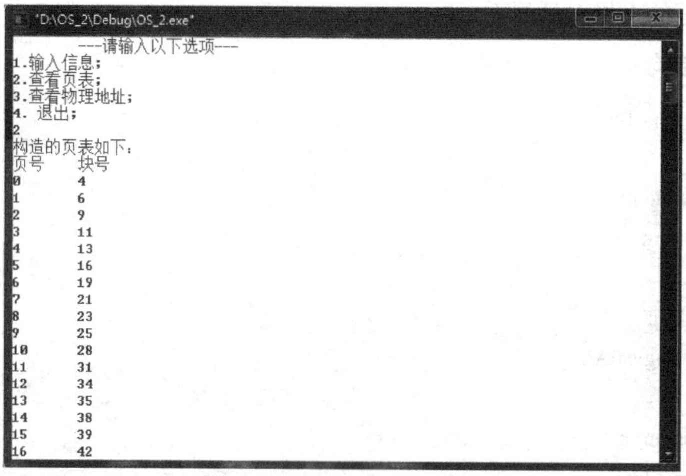

"D:\OS_2\Debug\OS_2.exe"
---请输入以下选项---
1.输入信息;
2.查看页表;
3.查看物理地址;
4. 退出;
2
构造的页表如下:
页号　　块号
0　　4
1　　6
2　　9
3　　11
4　　13
5　　16
6　　19
7　　21
8　　23
9　　25
10　　28
11　　31
12　　34
13　　35
14　　38
15　　39
16　　42

图 3-13　查看页表

（3）查看物理地址，如图 3-14 所示。

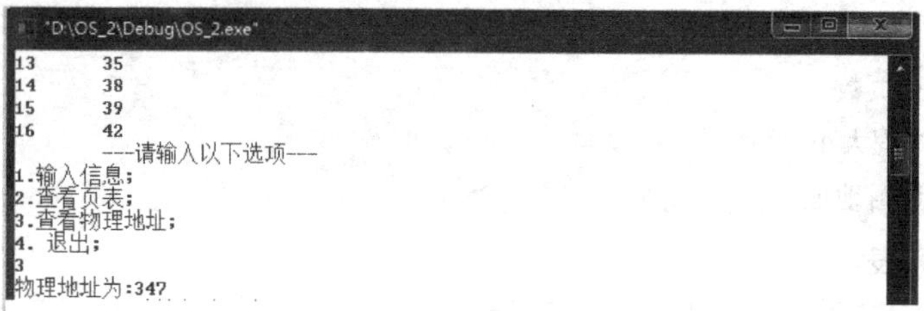

"D:\OS_2\Debug\OS_2.exe"
13　　35
14　　38
15　　39
16　　42
---请输入以下选项---
1.输入信息;
2.查看页表;
3.查看物理地址;
4. 退出;
3
物理地址为:347

图 3-14　查看物理地址

（4）退出界面，如图 3-15 所示。

物理地址为:347
---请输入以下选项---
1.输入信息;
2.查看页表;
3.查看物理地址;
4. 退出;
4
o(∩_∩)o谢谢使用，再见!
Press any key to continue

图 3-15　退出界面

七、主要程序代码

```
#define N 50
void Input()
{
    cout << "输入进程长度：";
    cin >> Process;
    cout<< "输入页长:";
    cin >> Page_length;
    cout<< "请输入逻辑地址:";
    cin >> Address;
}

int Init()
{

    srand(time(0));
    int i,temp;
    int sum=1;
    Page_num=Process/Page_length+1;
    //cout<< "num=" << Page_num<< endl;
    PT[0].pic_num=1;
    for(i=0;i<Page_num;i++)
    {
     PT[i].page_num=i;
     temp=rand()%3+1;
     sum+=temp;
     PT[i].pic_num+=sum;
     //cout<< PT[i].pic_num <<endl;
    }
    LA.page_num=Address/Page_length;
    if(LA.page_num>=Page_num){
     cout << "所查逻辑地址不在该页内，初始化失败！"<<endl;
     return -1;
    }
    LA.page_add=Address%Page_length;
}
int Translate()
{
    int i=0;
```

```
        int res;
        while(i<Page_num)
        {
          if(PT[i].page_num==LA.page_num){
                res=PT[i].pic_num;
                break;
          }
          else i++;
        }
        if(i>=N)
          return -1;
        return res*Page_length+LA.page_add;
    }

    void Output(int res)
    {
        if(res==0)
        {
          cout<< "构造的页表如下："<<endl;
          cout<< "页号\t 块号"<<endl;
          for(int i=0;i<Page_num;i++)
          {
                cout << PT[i].page_num << "\t";
                cout<< PT[i].pic_num<<endl;
          }
        }
        else
          cout << "物理地址为:"<< res<<endl;
    }

    int main()
    {
        int k;
        cout<< "\t*************欢迎使用页式地址重定位模拟系统*****************\n";
        for(;;)
        {
          cout << "\t---请输入以下选项---"<<endl;
          cout<< "1.输入信息;"<<endl << "2.查看页表;"<<endl<<"3.查看物理地址;"<<endl<<"4. 退
出;"<<endl;
```

```
        cin>> k;
        switch(k)
        {
        case 1:
            Input();
            if(Init()==-1)return -1;
            break;
        case 2:
            Output(0);
            break;
        case 3:

            Output(Translate());
            break;
        case 4:
            cout << "O(∩_∩)O 谢谢使用，再见！"<<endl;
            exit(0);
            break;
        }
      }
      return 1;
    }
```

3.2 节实验程序清单

实验程序序号	程序说明	对应章节
52*	页面置换算法模拟（Linux 实现）	
53	页面置换算法模拟模拟（C++实现）	3.2 实验一
54	页面置换算法模拟（Java 实现）	3.2 实验二
55*	页面置换算法	
56*	虚拟内存页面置换算法	
57	页式地址重定位模拟	3.2 实验三

*号为课外自主实验参考程序，附有文档说明。

第 4 章　设备管理

设备管理是以设备为研究对象，追求设备综合效率，应用一系列理论、方法，通过一系列技术、经济、组织措施，对设备的物质运动和价值运动进行全过程（从规划、设计、选型、购置、安装、验收、使用、保养、维修、改造、更新直至报废）的科学型管理，操作系统中设备管理的功能如下。

（1）缓冲管理

为了缓解 CPU 和 I/O 设备速度不匹配的矛盾，达到提高 CPU 和 I/O 设备利用率、提高系统吞吐量的目的，许多操作系统通过设置缓冲区的办法来实现。

（2）设备分配

设备分配的基本任务是根据用户的 I/O 请求，为他们分配所需的设备。如果在 I/O 设备和 CPU 之间还存在设备控制器和通道，则还需为分配出去的设备分配相应的控制器和通道。

（3）设备处理

设备处理程序又称设备驱动程序。其基本任务是实现 CPU 和设备控制器之间的通信。

（4）设备独立性和虚拟设备

用户向系统申请和使用的设备与实际操作的设备无关。

实验一　设备管理

一、实验目的及要求

本实验着重了解磁盘的物理组织，以及如何通过用户态的程序直接调用磁盘 I/O API 函数（DeviceIoControl）根据输入的驱动器号读取驱动器中磁盘的基本信息。

二、实验环境

Microsoft Visual Studio 2012 环境，用 C++语言编写。

三、实验原理

相关的 API 介绍如下。

（1）获取磁盘基本信息的磁盘 I/O API 函数 DeviceIoControl 格式。

```
BOOL DeviceIoControl( HANDLE hDevice,        DWORD dwioControlCode,
                      LPVOID lplnBuffer,     DWORD nlnBufferSize,
                      LPVOID lpOutBuffer,    DWORD nOutBufferSize,
                      LPDWORD lpBytesReturned,LPOVERLAPPED lpOverlapped );
```

①hDevice：所要进行操作的设备句柄，它通过调用 CreateFile 函数来获得。

②dwIoControlCode：指定操作的控制代码。这个值用来辨别将要执行的指定操作，以及对哪一种设备进行操作。对磁盘应设置为 IOCTL_DISK_GET_DRIVE_GEOMETRY。

③lpInBuffer：操作所要的输入数据缓冲区指针，NULL 表示不需要输入数据。

④nInBufferSize：指定 lpInBuffer 所指向的缓冲区大小（以字节为单位）。

⑤lpOutBuffer：接收操作输出的数据缓冲区指针，NULL 表示操作没有产生输出数据。输出数据的缓冲区要足够大，对磁盘它采用固定的数据结构 DISK_GEOMETRY，格式如下.

```
struct DISK_GEOMETRY {
  unsigned   bytesPerSector;      unsigned   sectorsPerTrack;
unsigned   heads;                 unsigned   cylinders;          }
```

⑥nOutBufferSize：指定 lpOutBuffer 所指向的缓冲区大小（以字节为单位）。

⑦lpBytesReturned：指向一个变量，它接收 lpOutBuffer 所指缓冲区储存的数据个数。

⑧lpOverlapped：指向一个 OVERLAPPED 结构。

⑨返回值：如果函数调用成功，返回值是一个非 0 值。如果函数调用失败，用 GetLastError 函数来获得相关的错误信息。

（2）建立文件或打开一个已存在文件 API 函数 CreateFile。

该函数用来创建或打开下列对象（文件、管道、目录、邮件插口、控制台、通信资源、磁盘设备等）并返回一个用于读取该对象的句柄。

```
HANDLE CreateFile ( LPCTSTR lpFilename , DWORD   dwDesiredAccess,
DWORD   dwShareMode,LPSECURITY_ATTRIBUTES   lpSecurityAttributes ,
DWORD   dwCreationDisposition , DWORD   dwFlagsAndAttributes,
HANDLE   hTemplateFile   );
```

①lpFileName：指向一个以 NULL 结束的字符串指针，该字符串用于创建或打开对象、指定对象名。

②dwDesiredAccess：指定对对象的访问类型，一个应用程序可以得到读、写、读写或设备查询访问等类型，此参数可以为下列值的任意一个组合值。

- 0：指定对象的查询访问权限，一个应用程序可以不通过访问设备来查询设备属性。
- GENERIC_READ：指定对象的读访问，可以读文件的数据且可移动文件中的指针。
- GENERIC_WRITE：指定对象的写访问，可以写文件的数据且可以移动文件指针，写访问 GENERIC_WRITE 要与 GENERIC_READ 联合使用。

③dwShoreMode：设成 NULL 即可。

④lpSecurityAttributes：设成 NULL 即可。

⑤dwCreationDisposition：指定对存在的文件采取哪种措施，且当文件不存在时采用哪种措施。

此函数必须是下列值中的一个。

- CREAT_NEW：创建一个新文件，如果文件存在，则函数调用失败。

- CREAT_ALWAYS：创建一个新文件，如果文件存在，函数重写文件且清空现有属性。
- OPEN_EXISTING：打开文件，如果文件不存在，则函数调用失败。
- OPEN_ALWAYS：如果文件存在，则打开文件。如果文件不存在，则创建一个新文件。
- TRUNCATE_EXISTING：打开文件，一旦文件打开，就被删截掉，从而使文件的大小为 0 字节。调用函数必须用 GENERIC_WRITE 访问来打开文件，如果文件不存在，则函数调用失败。

⑥dwFlagsAndAttributes：指定文件属性和标志，该参数可取很多种组合，给出以下三种。

- FILE_FLAG_OVERLAPPED：指导系统对对象进行初始化，以便操作有足够的时间来处理返回 ERROR_IO_PENDING，当完成操作时，指定事件被设置为发信号状态。
- FILE_FLAG_NO_BUFFERING：引导系统打开没有瞬间缓冲或缓存的文件，当与 FILE_FLAG_0VERLAPPED 结合时，标志给出最大的按时间顺序的操作，因为 I / O 不依靠内存管理器的时间顺序的操作，但是，因为数据没有在缓存中，一些 I/O 操作将长一些。
- FILE_FLAG_SEQUENTIAL_SCAN：表明文件从开头到结尾按顺序被访问。使用它，系统可优化文件缓存。访问方式如为读大文件的应用程序，指定此标志可以增加它的性能。

⑦hTemplateFile：设成 NULL 即可。

⑧返回值：如果函数调用成功，返回值为指向指定文件的打开句柄；如果函数调用失败，返回值为 INVALID_HANDLE_VALUE。

四、实验结果

请输入磁盘号：a/c
a
a 盘有:
柱面数为：80
每柱面的磁道数为：2
每磁道的扇区数为：18
每扇区的字节数为：512
a 盘所在磁盘总共有 2880 个扇区
磁盘大为：1.40625MB

五、实验总结

如输入磁盘号为 c，显示的磁盘信息是整个硬盘信息，而不是 c 盘分区的信息。如输入磁盘号为 d，显示的磁盘信息与输入磁盘号为 c 显示的磁盘信息相同。用磁盘 I/O

API 函数读出的磁盘信息是从硬盘的主引导区得到。

六、程序主要代码

```
struct Disk        //关于 Disk 结构的定义
{
 HANDLE handle;
 DISK_GEOMETRY disk_info;
};

Disk disk;
HANDLE Floppy;
static _int64 sector;
bool flag;
Disk physicDisk(char driverLetter);

void main(void)
{
   char DriverLetter;
   cout<< "请输入磁盘号：a/c" <<endl;
   cin>>DriverLetter;                    //选择要查看的磁盘
   disk = physicDisk(DriverLetter);
}

Disk physicDisk(char driverLetter) //
{
  flag = true;
  DISK_GEOMETRY*   temp = new DISK_GEOMETRY;
  char device[9]   =   "\\\\.\\c:";
  device[4]   = driverLetter;
  Floppy = CreateFile( device,          //将要打开的驱动器名
                       GENERIC_READ,   //存取的权限
                       FILE_SHARE_READ | FILE_SHARE_WRITE,   // 共享的权限
                       NULL,           //默认属性位
                       OPEN_EXISTING, //创建驱动器的方式
                       0,              //所创建的驱动器的属性
                       NULL );         //指向模板文件的句柄
  if ( GetLastError() == ERROR_ALREADY_EXISTS )   //如打开失败，返回错误代码
  {
    cout<<"不能打开磁盘"<<endl;
    cout<<GetLastError()<<endl;
```

```
    flag = false；    return disk；
   }
   DWORD   bytereturned；  BOOL Result；  disk.handle = Floppy；
   Result = DeviceIoControl ( Floppy,
                                  IOCTL_DISK_GET_DRIVE_GEOMETRY,
                                  NULL,0, temp,sizeof(*temp), &bytereturned,
                                  (LPOVERLAPPED)NULL )；

   if (!Result)          //如果失败，返回错误代码
   {
    cout<<"打开失败"<<endl；    cout<<"错误代码为："<<GetLastError()<<endl；
    flag = false；    return disk；
   }

   disk.disk_info = *temp；  //输出整个物理磁盘的信息
   cout<<driverLetter<<"盘有: "<<endl；
   cout<<"柱面数为："<<(unsigned long)disk.disk_info.Cylinders.QuadPart<<endl；
   cout<< "每柱面的磁道数为："<<disk.disk_info.TracksPerCylinder<<endl；
   cout<< "每磁道的扇区数为："<<disk.disk_info.SectorsPerTrack<<endl；
   cout<< "每扇区的字节数为："<<disk.disk_info.BytesPerSector<<endl；
   sector = disk.disk_info.Cylinders.QuadPart* (disk.disk_info.TracksPerCylinder)*
(disk.disk_info.SectorsPerTrack)；
   double DiskSize =(double)disk.disk_info.Cylinders.QuadPart *  (disk.disk_info.TracksPerCylinder) *
                              (disk.disk_info.SectorsPerTrack) *(disk.disk_info.BytesPerSector)；
   cout<<driverLetter<<"盘所在磁盘总共有"<<(long)sector<<"个扇区"<<endl；
   cout<<"磁盘大为:"<<DiskSize/(1024*1024)<<"MB "<<endl；
   delete temp；
   return disk；
  }
```

实验二　磁盘调度算法

一、实验目的及要求

通过磁盘调度算法设计一个磁盘调度模拟系统，从而使磁盘调度算法更加形象化，容易使人理解，使磁盘调度的特点更简单明了，以加深对先来先服务算法、最短寻道时间优先算法、扫描算法以及循环扫描算法等磁盘调度算法的理解。

二、实验环境

Microsoft Visual Studio 2013 环境，用 C++语言编写。

三、实验内容

设计程序模拟先来先服务 FCFS、最短寻道时间优先 SSTF、SCAN 和循环 SCAN 算法的工作过程。假设有 n 个磁道号所组成的磁道访问序列，给定开始磁道号 m 和磁头移动的方向（正向或者反向），分别利用不同的磁盘调度算法访问磁道序列，给出每一次访问的磁头移动距离，计算每种算法的平均寻道长度。

程序要求如下：

（1）利用先来先服务 FCFS、最短寻道时间优先 SSTF、SCAN 和循环 SCAN 算法模拟磁道访问过程。

（2）模拟四种算法的磁道访问过程，给出每个磁道访问的磁头移动距离。

（3）输入：磁道个数 n 和磁道访问序列，开始磁道号 m 和磁头移动方向（对 SCAN 和循环 SCAN 算法有效）。算法选择：1-FCFS，2-SSTF，3-SCAN，4-循环 SCAN。

（4）输出：每种算法的平均寻道长度。

四、算法描述

1. 先来先服务算法（FCFS）

这是一种比较简单的磁盘调度算法。它根据进程请求访问磁盘的先后次序进行调度。此算法的优点是公平、简单，且每个进程的请求都能依次得到处理，不会出现某一进程的请求长期得不到满足的情况。此算法由于未对寻道进行优化，在对磁盘的访问请求比较多的情况下，此算法将降低设备服务的吞吐量，致使平均寻道时间可能较长，但各进程得到服务的响应时间的变化幅度较小。

2. 最短寻道时间优先算法（SSTF）

该算法选择这样的进程，其要求访问的磁道与当前磁头所在的磁道距离最近，以使每次的寻道时间最短，该算法可以得到较大的吞吐量，但却不能保证平均寻道时间最短。其缺点是对用户的服务请求的响应机会不是均等的，因而导致响应时间的变化幅度很大。在服务请求很多的情况下，对内外边缘磁道的请求将会无限期被延迟，有些请求的响应时间将不可预期。

3. 扫描算法（SCAN）

扫描算法不仅考虑到将要访问的磁道与当前磁道的距离，更优先考虑的是磁头的当前移动方向。例如，当磁头正在自里向外移动时，扫描算法所选择的下一个访问对象应是其将要访问的磁道，既在当前磁道之外，又是距离最近的。这样自里向外地访问，直到再无磁道需要访问才将磁臂换向，自外向里移动。这时，同样也是每次选择这样的进程来调度，即其要访问的磁道，在当前磁道之内，从而避免了饥饿现象的出现。由于这种算法中磁头移动的规律颇似电梯的运行，故又称为电梯调度算法。此算法基本上克服了最短寻道时间优先算法的服务集中于中间磁道和响应时间变化比较大的缺点，而具有最短寻道时间优先算法的优点，即吞吐量较大，平均响应时间较小，但由于是摆动式的扫描方法，两侧磁道被访问的频率仍低于中间磁道。

4. 循环扫描算法（CSCAN）

循环扫描算法是对扫描算法的改进。如果对磁道的访问请求是均匀分布的，当磁头到达磁盘的一端，并反向运动时落在磁头之后的访问请求相对较少。这是由于这些磁道刚被处理，而磁盘另一端的请求密度相当高，且这些访问请求等待的时间较长，为了解决这种情况，循环扫描算法规定磁头单向移动。例如，只自里向外移动，当磁头移到最外的被访问磁道时，磁头立即返回到最里的欲访磁道，即将最小磁道号紧接着最大磁道号构成循环，进行扫描。

五、实验步骤

如图 4-1 所示。

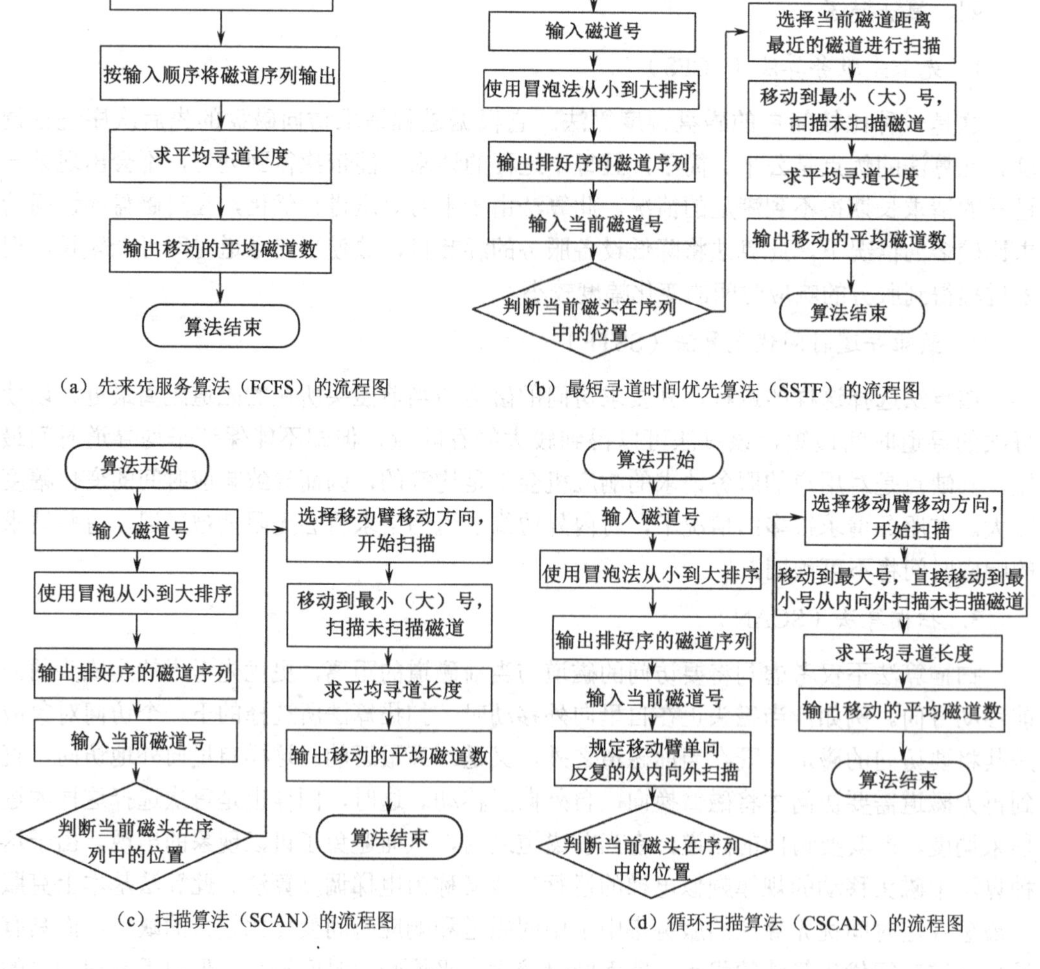

图 4-1　实验步骤

六、调试过程及实验结果

根据窗口提示分别输入进程数，对应的磁道号和开始磁道号，选择对应的寻道方式，如图 4-2 所示输入进程数：9；需要访问的磁道号： 55、58、39、18、90、160、150、38、184；开始磁道号：100；选择第一种先来先服务算法。图 4-2 是通过先来先服务寻道方式的访问结果，平均寻道长度是 55.3333。

```
d:\documents\visual studio 2012\Projects\ConsoleApplication5\Debug\ConsoleApplication...
请输入提出磁盘I/O申请的进程数： 9
请依次输入要访问的磁道号： 55 58 39 18 90 160 150 38 184
请输入开始磁道号： 100
请选择寻道方式：1-FCFS, 2-SSTF, 3-SCAN, 4-CSCAN:1
被访问的下一个磁道号    移动距离（磁道数）
          55                45
          58                 3
          39                19
          18                21
          90                72
         160                70
         150                10
          38               112
         184               146
     平均寻道长度：55.3333

是否继续选择寻道算法？1--是，0--否 ：
```

图 4-2　实验结果（一）

完成了先来先服务的寻道方式访问之后，选择继续寻道算法，并且选择第二种寻道方式最短寻道时间优先算法，最短寻道优先算法先访问距离当前磁道号最小的 90，先进行访问，然后是 58、55、39，一直到 184 为止，平均寻道长度为 27.5556，如图 4-3 所示。

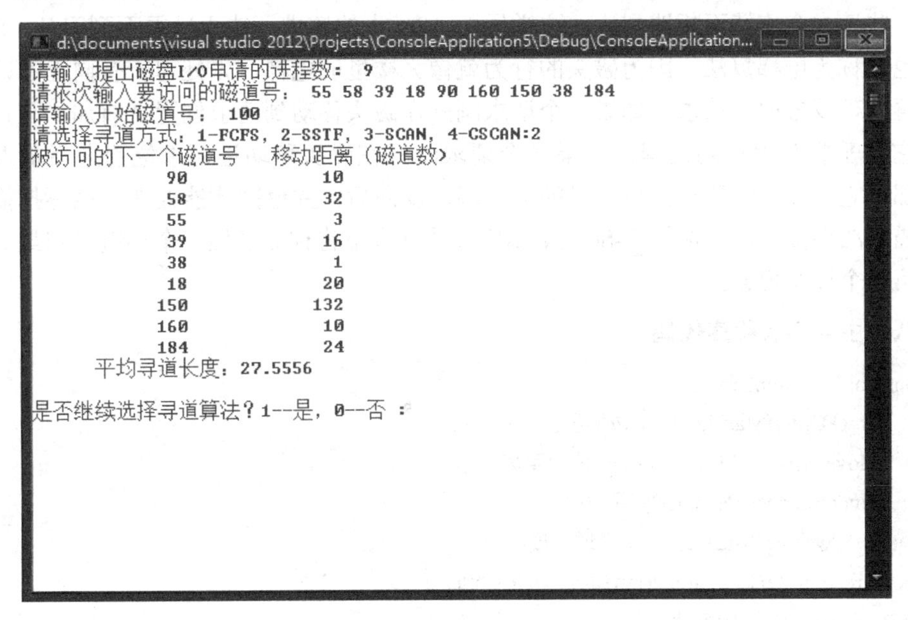

图 4-3　实验结果（二）

接下来，继续选择寻道算法，选择 3-SCAN，选择开始方向向外，先访问 150，然后依次访问 160、184，访问完 184 之后，改变扫描方向，然后依次访问 90、58、55、39、38、18。扫描算法的平均寻道长度是 27.7778，如图 4-4 所示。

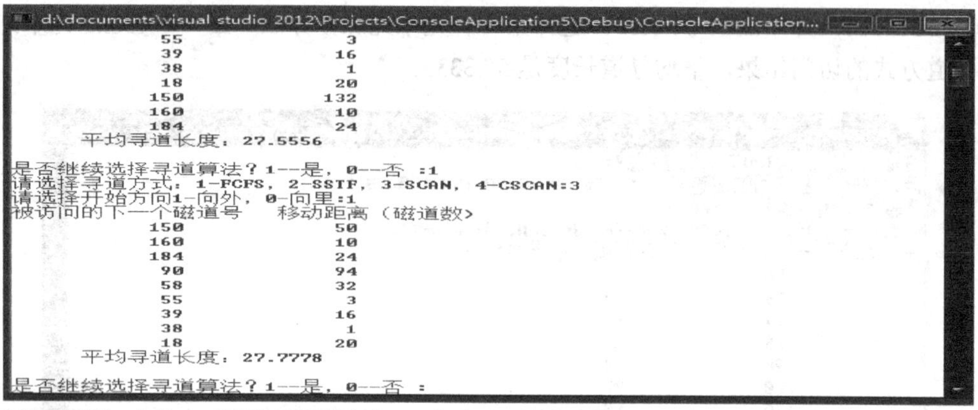

```
d:\documents\visual studio 2012\Projects\ConsoleApplication5\Debug\ConsoleApplication...
          55              3
          39             16
          38              1
          18             20
         150            132
         160             10
         184             24
    平均寻道长度：27.5556

是否继续选择寻道算法？1--是，0--否 :1
请选择寻道方式：1-FCFS，2-SSTF，3-SCAN，4-CSCAN:3
请选择开始方向1-向外，0-向里:1
被访问的下一个磁道号    移动距离（磁道数）
         150             50
         160             10
         184             24
          90             94
          58             32
          55              3
          39             16
          38              1
          18             20
    平均寻道长度：27.7778

是否继续选择寻道算法？1--是，0--否 :
```

循环扫描算法，先对 150 进行访问直到访问完 184 之后，调到最小磁道号进行扫描，因此先访问 18，然后是 38，一直到 90。循环扫描算法的平均寻道长度为 35.7778。

图 4-4 实验结果（三）

七、总结

经过四个算法的对比，发现 FCFS 策略看起来似乎是相当“公平”的，但是当请求的频率过高的时候，FCFS 策略的响应时间就会大大延长。SSTF 调度基本上是一种最短作业优先调度，它可能会导致一些请求得不到服务。假如一个队列中有两个请求，分别为柱面 14 和 186，当处理来自 14 时，另一个靠近 14 的请求可能会来。从理论上说，相近的一些请求会连续不断地到达，这样位于 186 上的请求可能永远得不到服务。SCAN 算法也被称为电梯算法，因为磁头的行为就像大楼里的电梯，先处理所有向上的请求，然后再处理反方向的请求。如果一个请求刚好在磁头移动到请求位置之前加入队列中，那么它几乎将马上得到处理；如果一个请求刚好在磁头移动过请求位置之后加入到队列，那么它必须等待磁头到达磁盘的另一端，反向后，并返回才能处理。循环扫描算法和扫描算法很接近，区别是 C-SCAN 调度算法基本上将柱面当做一个环链，将最后的柱面与第一个柱面相连。

八、主要实验程序代码

```
const int MaxNumber=100;
int    TrackOrder[MaxNumber]; //磁道号
int    MoveDistance[MaxNumber];//移动距离
int    FindOrder[MaxNumber];//寻找序列
double    AverageDistance;//平均寻道长度
bool direction;//方向    true 时为向外，false 为向里
int BeginNum;//开始磁道号
```

```
int M=500;//磁道数
int N;//提出磁盘 I/O 申请的进程数
int SortOrder[MaxNumber];//排序后的序列
bool Finished[MaxNumber];
//============FCFS,先来先服务==================================
void FCFS()
{
	int temp;
	temp=BeginNum;//将 BeginNum 赋给 temp 作为寻道时的当前所在磁道号
	for(int i=0;i<N;i++)
	{
		MoveDistance[i]=abs(TrackOrder[i]-temp);//计算移动磁道数
		temp=TrackOrder[i];//寻到后，将此道作为当前所在磁道号，赋给 temp
		FindOrder[i]=TrackOrder[i];//寻好的赋给寻好序列
	}
}

//========SSTF,最短寻道时间优先算法============================
void SSTF()
{
	int temp,n;
	int A=M;
	temp=BeginNum;//将 BeginNum 赋给 temp 作为寻道时的当前所在磁道号
	for(int i=0;i<N;i++)	//寻找最短的寻道长度
	{
		for(int j=0;j<N;j++)
		{
			if(abs(TrackOrder[j]-temp)<A&&Finished[j]==false)
			{	A=abs(TrackOrder[j]-temp);	n=j;		}
			else continue;
		}
		Finished[n]=true;//将已经寻找到的 Finished 赋值为 true
		MoveDistance[i]=A;//寻道长度
		temp=TrackOrder[n];//当前寻道号
		A=M; //重置 A 值
		FindOrder[i]=TrackOrder[n];//
	}
}
//====================SCAN,扫描算法========================
```

```
void SCAN()
{
    int m,n,temp;
    temp=BeginNum;
    Sort();          //排序
    cout<<"请选择开始方向 1-向外，0-向里:";//选择扫描方向
    cin>>m;
    if(m==1)
        direction=true;
    else if(m==0)
        direction=false;
    else
        cout<<"输入错误!";
    for(int i=0;i<N;i++)
    {
        if(SortOrder[i]<BeginNum)
            continue;
        else
        {   n=i;    break;      }
    }
    if(direction==true)//选择向外
    {
        for(int i=n;i<N;i++)
        {
            MoveDistance[i-n]=abs(abs(SortOrder[i]-temp));
            temp=SortOrder[i];
            FindOrder[i-n]=SortOrder[i];
        }
        for(int j=n-1;j>=0;j--)
        {
            MoveDistance[N-1-j]=abs(abs(SortOrder[j]-temp));
            temp=SortOrder[j];
            FindOrder[N-1-j]=SortOrder[j];
        }
    }
    else  //选择向里
    {
        for(int i=n-1;i>=0;i--)
        {
```

```
                MoveDistance[N-i-4]=abs(abs(SortOrder[i]-temp));
                temp=SortOrder[i];
                FindOrder[N-i-4]=SortOrder[i];
            }
            for(int j=n;j<N;j++)
            {
                MoveDistance[j]=abs(abs(SortOrder[j]-temp));
                temp=SortOrder[j];
                FindOrder[j]=SortOrder[j];
            }
        }
}
//=================CSCAN,循环扫描算法=====================
void CSCAN()
{
        int m,n,temp;
        temp=BeginNum;
        Sort();
        cout<<"请选择开始方向：1--向外;0---向里： ";
        cin>>m;
        if(m==1)
            direction=true;
        else if(m==0)
            direction=false;
        else
            cout<<"输入错误!";
        for(int i=0;i<N;i++)
        {
            if(SortOrder[i]<BeginNum)
                continue;
            else
            {   n=i;   break;      }
        }
        if(direction=true)
        {
            for(int i=n;i<N;i++)
            {
                MoveDistance[i-n]=abs(abs(SortOrder[i]-temp));
                temp=SortOrder[i];
```

```
                FindOrder[i-n]=SortOrder[i];
            }
            for(int j=0;j<n;j++)
            {
                MoveDistance[N-n+j]=abs(abs(SortOrder[j]-temp));
                temp=SortOrder[j];
                FindOrder[N-n+j]=SortOrder[j];
            }
        }
        else
        {
            for(int i=n-1;i>=0;i--)
            {
                MoveDistance[n-1-i]=abs(abs(SortOrder[i]-temp));
                temp=SortOrder[i];
                FindOrder[N-1-i]=SortOrder[i];
            }
            for(int j=N-1;j>=n;j--)
            {
                MoveDistance[N-j+n-1]=abs(abs(SortOrder[j]-temp));
                temp=SortOrder[j];
                FindOrder[N-j+n-1]=SortOrder[j];
            }
        }
}
//========计算平均寻道时间==============
void Count()
{
    int Total=0;
    for(int i=0;i<N;i++)
    {
        Total+=MoveDistance[i];
    }
    AverageDistance=((double)Total)/((double)N);
}
void Show()
{
    cout<<setw(20)<<"被访问的下一个磁道号"<<setw(20)<<"移动距离（磁道数)"<<endl;
    for(int i=0;i<N;i++)
```

```
        {
            cout<<setw(15)<<FindOrder[i]<<setw(15)<<MoveDistance[i]<<endl;
        }

        cout<<setw(20)<<"平均寻道长度："<<AverageDistance<<endl;
        cout<<endl;
```

实验三 Spooling假脱机技术

一、实验目的及要求

理解和掌握 Spooling 假脱机技术。

二、实验环境

Microsoft Visual Studio 2013 环境，用 C++语言编写。

三、实验内容

通过 Spooling 技术可将一台物理 I/O 设备虚拟为多台逻辑 I/O 设备，允许多个用户共享一台物理 I/O 设备，从而使其成为虚拟设备。该技术广泛应用于各种计算机的 I/O，通过采用预输入和缓输出的方法，使用共享设备的一部分空间来模拟独占设备，以提高独占设备的利用率。

四、实验基础

（1）Spooling 系统组成结构图，如图 4-5 所示。

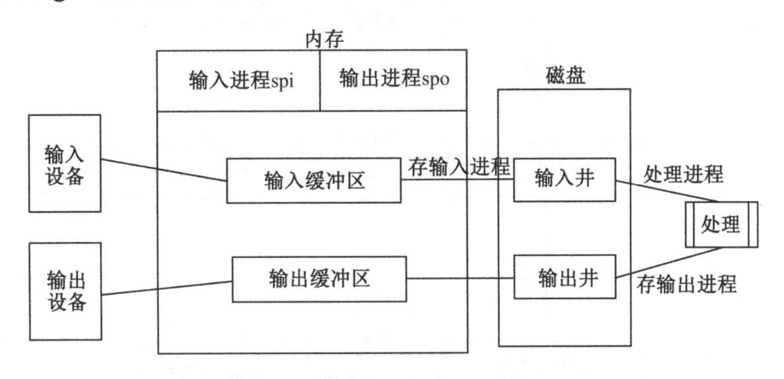

图 4-5 Spooling 系统组成结构图

Spooling 系统主要由以下 3 部分构成。

①输入井和输出井。在磁盘开辟的两大存储空间，分别用于模拟数据输入和数据输出时的磁盘设备。

②输入缓冲区和输出缓冲区。用于缓和高速 CPU 与低速磁盘之间速度不匹配的矛盾而引入的内存缓冲区域。输入缓冲区用来暂存由输入设备送来的数据，以后再传送到

输入井。输出缓冲区用于暂存从输出井送来的数据，以后在传送给输出设备。

③输入进程 SPi 和输出进程 SPo。用于模拟脱机 I/O 时的外围控制机制。进程 SPi 模拟脱机输入时的外围控制机，将用户要求的数据从输入机通过输入缓冲区再送到输入井，当 CPU 需要输入数据时，直接从输入井读入内存；进程 SP0 模拟脱机输出时的外围控制机，把用户要求输出的数据先从内存送到输出井，待输出设备空闲时，再将输出井中的数据经过输出缓冲区送到输出设备上。

（2）系统整体设计思路。

进程有三个基本状态：就绪状态、执行状态、阻塞状态。就绪状态是指当进程已分配到除 CPU 以外的所有必要资源后，只要获得 CPU，便可立即执行，在一个系统中处于就绪队列的进程可能有多个，通常将它们排成一个队列，称为就绪队列；执行状态是指进程已获得 CPU，其程序正在执行，在程序中，当调用代表某个进程的函数时，则表示该进程处于执行状态；阻塞状态是指正在执行的进程由于发生某事件而暂时无法继续执行时，便放弃处理机而处于暂停状态，亦即进程的执行受到阻塞。

根据 SPOOLING 系统原理设计四个进程，分别命名为：存输入进程，处理进程，存输出进程，取输出进程。其中，存输入进程是将输入缓冲区中的作业送至输入井中；处理进程是先从输入井中取出作业数据，然后进行相应的处理；存输出进程是将处理过的作业送至输出井中；取输出进程是将输出井中的数据送至输出设备（显示器）上打印出来。

刚开始时是运行存输入进程，在运行过程中如果发现输入井已满时，则设置自己的状态为阻塞状态，若所有的作业已经全部输入至输入井中，则进程结束；当存输入进程阻塞时，则从就绪队列中取出下一个进程，将处理机分配给该进程，运行。如此循环，当取输出进程将所有的作业全部送至输出井时，则所有的结束，释放所有的进程 PCB，如图 4-6 所示。

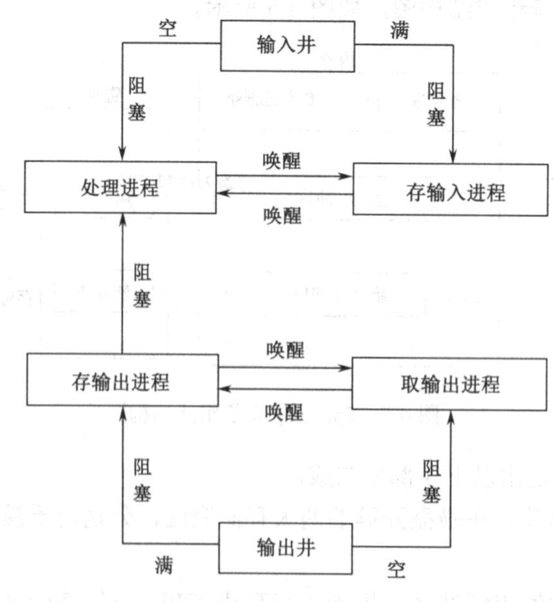

图 4-6　系统整体设计思路

（3）系统中的制约关系。

根据 SPOOLING 系统的原理，分析得出系统中存在的制约关系如下。

①当存输入进程将输入缓冲区送至输入井，输入井满，则存输入进程阻塞，进入阻塞队列。

②当处理进程从输入井中取数据时，发现输入井空，则处理进程阻塞，进入阻塞队列。

③当存输出进程将处理完的作业送至输出井时，发现输出井满，存输出进程阻塞，同时处理进程阻塞（处理进程调用存输出进程），进入阻塞队列。

④当取输出进程从输出井取数据时，发现输出井空，则取输出进程阻塞，入阻塞队列。

⑤当处理进程从输入井中取得数据后，如果存输入进程处于阻塞状态，则处理进程唤醒存输入进程，存输入进程从阻塞队列入就绪队列。

⑥当存输入进程将数据送至输入井后，如果处理进程处于阻塞状态，则存输入进程唤醒处理进程，处理进程从阻塞队列入就绪队列。

⑦当存输出进程将数据送至输出井后，如果取输出进程处于阻塞状态，则存输出进程唤醒取输出进程，取输出进程从阻塞队列入就绪队列。

⑧当取输出进程从输出井取得数据打印后，如果存输出进程处于阻塞状态，则取输出进程唤醒存输出进程，存输出进程从阻塞队列入就绪队列。

进程消亡的条件如下。

①当所有的作业全部输入至输入井时，存输入进程消亡。

②当所有的作业全部送至输出井时，存输出进程和处理进程消亡。

③当所有的作业全部输出至屏幕时，取输出进程消亡。

（4）整体控制算法。

整体控制实现的功能是：提示用户输入作业，创建进程，并将创建的进程全部输入就绪队列，通过循环语句来实现所有的进程控制。

首先从就绪队列中取出队列的首个数据，利用 switch 语句来进程匹配，当取出的数据为 0 时，则转入执行存输入进程；若取出的数据为 2 时，则转入执行处理进程（在处理进程中调用存输出进程）；若取出的数据为 3 时，则转入执行取输出进程。当进程由于某个原因而进入阻塞状态，返回至主函数（整体控制函数），接下来应该判断该进程的状态，若为阻塞状态则将该进程的编号送入阻塞队列，从就绪队列中删除，实现该进程的状态转换。若判断当前进程为结束状态，则将直接从就绪队列中删除。只有当取输出进程结束时，整个流程才能结束，所以 while 循环的结束条件就为取输出进程的状态为结束。当循环结束后，释放进程。

为了体现出输入设备以及输入缓冲区，在整体控制中，可以让用户根据自己的需要来输入作业，在输入作业时要根据作业的要求进行输入，输入一个数组，该数组用来模拟输入缓冲区。当输入的作业不符合要求时，给出提示，让用户重新输入。为了实现程序的扩充，利用宏定义来记录整个流程中的作业总数，整体控制算法流程图如图 4-7 所示。

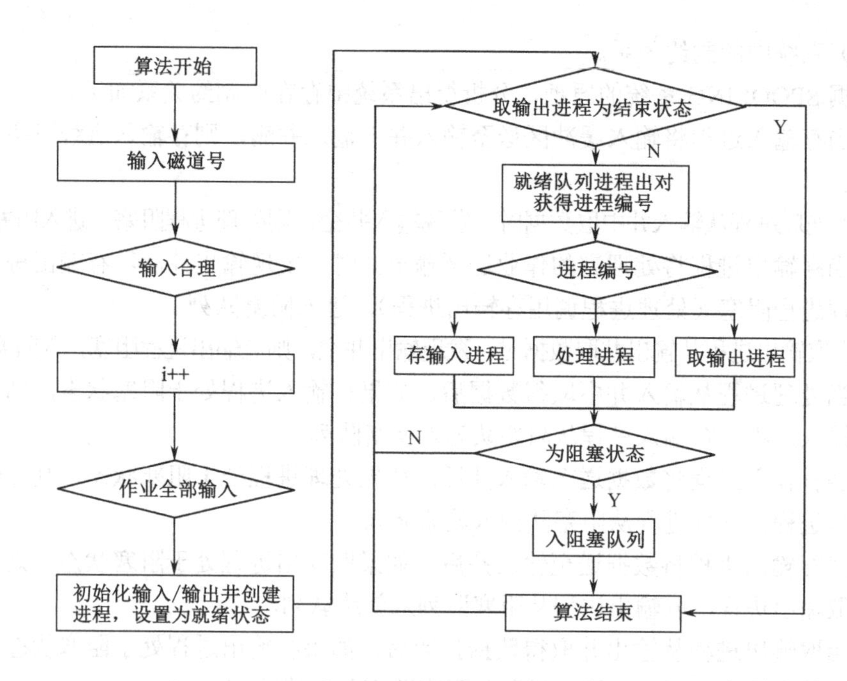

图 4-7　整体控制算法流程图

五、实验结果

实验结果，如图 4-8 所示。

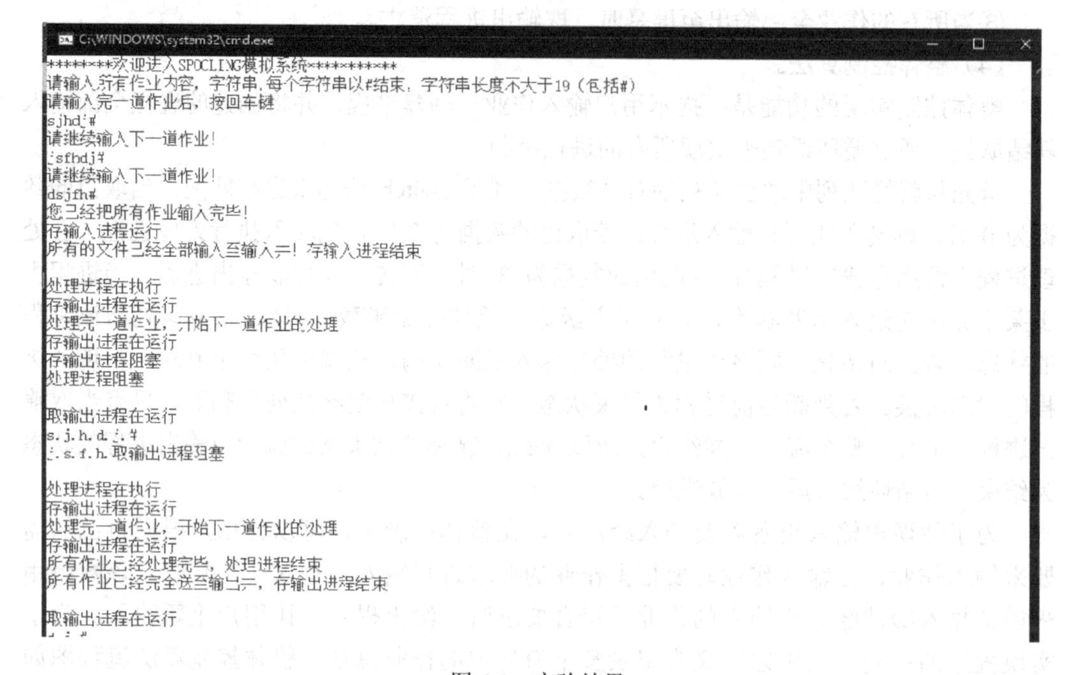

图 4-8　实验结果

六、总结

SPOOLING 技术是在通道技术和多道程序设计基础上产生的，它由主机和相应的通道共同承担作业的输入输出工作，利用磁盘作为后缓存储器，实现外围设备同时联机操作。在 SPOOLING 系统中，实际上并没有为任何进程分配，而只是在输入井和输出井中，为进程分配一存储区并建立一张 I/O 请求表。这样，便把独占设备改造为共享设备。通过模拟存输入过程、处理过程、存输出过程以及取输出过程，对 SPOOLING 系统的操作过程有了更深入的学习。

七、主要程序代码

```
#define JOBNO 3                    //宏定义作业的个数
#define LEN sizeof(struct pcb)
#define LEN1 sizeof(struct Ready)
struct pcb{                        //进程控制块
    int no;                        //进程编号
    int state;                     //进程状态，0：可执行状态
}*p0, *p1, *p2, *p3;               //1：由于输出井满，存输出进程阻塞，
                                   //2：输入井为空，用户进程阻塞，
                                   //3：输入井满，存输入进程阻塞，用户进程阻塞，
                                   //4：结束

struct{
    char date[30];
    int front;                     //队首指针
    int rear;                      //队尾指针
}q_in;                             //输入井
struct{
    char date[20];
    int front;
    int rear;
}q_out;                            //输出井
struct Ready{
    int data[4];                   //存放进程的编号
    int front;
    int rear;
}ready;                            //就绪队列

struct Wait{
    int data[4];
    int front;
    int rear;
```

```
}wait;                    //阻塞队列
int chuli_number = 0;
int js[2] = { 0, 0 };     //记录待输入作业的信息，JS[0]记录待输入作业编号，JS[1]记录应该输入
的字符位置
int   jout = JOBNO;       //待输出作业数，每输出完一道作业，值减 1
char buf[40];             //用于存放已经处理完的一道作业
int in = JOBNO;           //用来记录待输入作业的个数
char job[JOBNO][20];  //模拟输入缓冲区
int chuli_address = 0;  //记录作业没有被处理完时，待处理字符的位置
int i = 0;                //用来记录的是下次输入至输出井时从哪里开始写
void store_in(){          //存输入进程
        printf("存输入进程运行\n");
        while ((q_in.rear + 1) % 30 != q_in.front){     //输入井没有满的情况下
            q_in.rear = (q_in.rear + 1) % 30;
            q_in.date[q_in.rear] = job[js[0]][js[1]];
            p2->state = 0;                              //处理进程进入可执行状态，
            //因为输入井不为空了
            wait_to_ready(2);
            if (job[js[0]][js[1]] == '#'){              //该作业已经输入完毕
                js[0]++;
                js[1] = 0;
                in--;                                   //待输入作业的个数
                if (in == 0){
                    printf("所有的文件已经全部输入至输入井！存输入进程结束\n");
                    p0->state = 4;                      //存输入的进程结束
                    return;
                }
            }
            else
                js[1]++;
        }
        printf("输入井已满！进入阻塞队列\n");
        p0->state = 3;                                  //输入井满，存输入进程阻塞
        return;
}

void chuli(){                                           //处理进程
        printf("\n 处理进程在执行\n");
        int p = 0;
```

```
void store_out(int *);                    //存输出函数声明
if (i == chuli_address){                  //说明该作业已经完全输入至输出井
    chuli_address = 0;
    i = 0;
}
else{        //i!=chuli_address 说明该作业还没有完全输出至输出井
    for (p = 0; p<40; p++)
        if (buf[p] == '#')break;
    if (p != 40){
        chuli_address = p;
        store_out(&i);              //该进程以及处理完毕并且还没有完全至输出井
        if (p1->state != 0){
            printf("处理进程阻塞\n");
            p2->state = 3;
            return; //存输出进程由于输出井满被阻塞相当于用户进程被阻塞
        }
        else{ printf("处理完一道作业，开始下一道作业的处理\n");
             chuli_address = 0;
  //已经全部输入至输出井，开始下一道作业处理，在 buf[]中从头存储（设置 0）
            i = 0;
        }
    }
}
while (q_in.rear != q_in.front){              //在输入井未空的情况下
    q_in.front = (q_in.front + 1) % 30;
    buf[chuli_address] = q_in.date[q_in.front];
                                              //将输入井中数据送入用户进程
    if (p0->state != 4){
        p0->state = 0;
        wait_to_ready(0);
        //从输入井中取得数据，有空余地方，设置存输入的进程进入可执行状态
    }
    if (buf[chuli_address] == '#'){         //每道作业的结束符号是'#'，在'#'之后不插入'.'
        chuli_number++;                     //已经处理完毕的作业数
        if (p1->state == 0){
            store_out(&i);
            if (p1->state != 0){          //如果输出井已满，存输出进程被阻塞，则处理进程
                                            被阻塞
                printf("处理进程阻塞\n");
```

```
                        p2->state = 3;
                        return;
                    }
                    else{
                        if (chuli_number<JOBNO){        //还没有处理完毕所有的作业
                            printf("处理完一道作业，开始下一道作业的处理\n");
                            chuli_address = 0;
                            i = 0;
                        }
                        else{
                            printf("所有作业已经处理完毕，处理进程结束\n");
                            p2->state = 4;
                            printf("所有作业已经完全送至输出井，存输出进程结束\n");
                            p1->state = 4;
                            return;
                        }
                    }//一道作业已完全输入输出井，可以进行下一道作业的处理
                }
                else{printf("处理进程阻塞\n");
                    p2->state = 3;
                    return;
                }
            }
            else{
                chuli_address++;
                buf[chuli_address] = '.';               // 进行处理
                chuli_address++;
            }
        }
        printf("处理进程阻塞\n");
        p2->state = 2;          //输入井为空，I/O 请求未满足，用户进程阻塞
        return;}
    void store_out(int *i){         //存输出进程，由处理进程调用
        printf("存输出进程在运行\n");
        int j = q_out.rear + 1;     //用变量 j 来记录当前输出井的队尾指针的下一个空间
        while ((q_out.rear + 1) % 20 != q_out.front){           //输出井还没有满
            q_out.rear = (q_out.rear + 1) % 20;
            q_out.date[q_out.rear] = buf[*i];
            if (p3->state != 4){
                p3->state = 0;
                wait_to_ready(3);
```

```
            }
            if (buf[*i] == '#'){                    return;
                //一道作业处理完毕并且已经全部输至输出井，可以开始下一道作业的处理
            }
            else{ (*i)++;             }
        }
        printf("存输出进程阻塞\n");
        p1->state = 1;                  //输出井满，存输出的进程阻塞
        return;
}

void wait_to_ready(int z){              //进程状态转换函数，入就绪队列，从阻塞队列中删除
        int p = ready.front;
        while (ready.front != ready.rear){
            ready.front = (ready.front + 1) % 4;
            if (ready.data[ready.front] == z){ ready.front = p; return; }
            //在就绪队列中有该进程
        }
        if (ready.front == ready.rear){
            ready.front = p;
            ready.rear = (ready.rear + 1) % 4;
            ready.data[ready.rear] = z;             //入就绪队列
            int a;
            for (a = 1; a<4; a++){
                if (wait.data[a] == z){             //从等待队列中删除
                    while (wait.rear != a){
                        wait.data[a] = wait.data[(a + 1) % 4];
                        a = (a + 1) % 4; }
                wait.rear--;     }
            }
    }
    }
```

第 4 章实验程序清单

实验程序序号	程序说明	对应章节
58	设备管理	第四章节实验一
59	FCFS、SSTF、SCAN、CSCAN 算法磁盘调度算法	第四章节实验二
60	Spooling 假脱机技术	第四章节实验三
61*	设备管理实验	

*号为课外自主实验参考程序，附有文档说明。

第 5 章　文件管理与系统安全

实验一　文件管理

一、实验目的及要求

通过独立使用高级语言编写和调试一个简单的文件系统，达到模拟文件管理工作的目的，并进一步使学生对各种文件操作命令的实质内容和执行过程有比较深入的了解。

二、实验环境

Microsoft Visual Studio 2012 环境，用 C++语言编写。

三、实验内容

设计一个简单的文件系统，对文件的操作设计如下命令（使用菜单选择）。

creat　　建立文件

delete　　删除文件

list　　文件列表

bye　　退出

编写程序并调试通过，运行出结果，画出流程图。

四、程序主要代码

```
#include<malloc.h>
struct filenode
{
char *filename;
int lenth;
struct filenode *next;
} *filehead=NULL;

list(struct filenode *fhead)
{
struct filenode *p;
if(!fhead)
   {printf("File is not Exist...\n");return;}
p=fhead;
printf("FILE    NAME          FILE LENTH\n");
```

```
while(p)
  {
  printf(" %10s%8d\n",p->filename,p->lenth);
  p=p->next;
  }
}
creat(char *fname)
{
int len;
struct filenode *p,*q,*p1;
p=p1=filehead;
while(p)
  {
     if(!strcmp(fname,p->filename))
       {printf("File Alredy Exist!\n");
        return;
       }
     p1=p;
     p=p->next;
  }
q=malloc(sizeof(struct filenode));
printf("Please Input File Lenth:");
scanf("%d",&len);
strcpy(q->filename,fname);
q->lenth=len;
q->next=NULL;
p1->next=q;
if(!filehead) filehead=q;
}
delete(char *fname)
{
struct filenode *p,*q;
p=q=filehead;
while(p)
  {
   if(!strcmp(fname,p->filename))
       {
        q->next=p->next;
        free(p);
```

```
            printf("File Alredy Deleted!\n");
            return;
          }
   p=p->next;
   }
   printf("File is not Exist!\n");
}

quit()
{
struct filenode *p,*q;
p=filehead;
while(p)
   {
   q=p;
   p=p->next;
   free(q);
   }
}

void main()
{
int choice;
char *newname="",*delname="";
/*struct filenode *filehead;*/
/*filehead=NULL;            malloc(sizeof(struct filenode));*/

while(1)
   {
   printf("\n");
   printf("***********FILE    SYSTEM***********\n");
   printf("* 1--CREAT FILE       2--DELETE FILE *\n");
   printf("* 3--LIST FILE        4--QUIT              *\n");
   printf("***********************************\n");
   printf("\n");
   printf("Please Input Your Choice:");
   scanf("%d",&choice);
   switch(choice)
      {
```

```
case 1:printf("Input New File Name:");
scanf("%s",newname);
creat(newname);
break;
case 2:printf("Input delete File Name:");
scanf("%s",delname);
delete(delname);
break;
case 3:list(filehead);break;
case 4:quit();exit(0);
}
}
}
```

第 5 章实验程序清单

实验程序序号	程序说明	对应章节
62	文件管理	第五章节实验

第6章　拓展实验

实验一　GPU 并行编程

一、实验目的及要求

（1）了解 GPU 编程的基本原理。

（2）了解 GPU 编程和 CPU 编程的区别。

（3）理解 CUDA 平台下矩阵乘法原理。

（4）理解 CUDA 平台下 sobel 算子边缘检测原理。

二、实验环境

软件：Microsoft Visual Studio 2010 环境，OpenCV 2.4.10，CUDA 7.5。

硬件：Inter(R) Core(TM) i5-4200 CPU @ 2.5GHz ，NVIDIA GeForce GT 755M。

三、实验内容

（1）使用 C++编程分别实现 CPU 和 CUDA 平台下的矩阵乘法，并比较它们的计算效率。

（2）使用 C++编程分别实现 CPU 和 CUDA 平台下基于 sobel 算子的边缘检测，并比较它们的处理效率。

四、算法描述及实验步骤

（1）CPU 下矩阵乘法是按照传统的行列相乘,即 A 矩阵每一行的每个元素乘以 B 矩阵对应位置每一列的每个元素，然后相加作为 C 矩阵的一个元素；所有计算在 CPU 执行，CPU 每计算一次均调用一次函数，直到所有的计算结束，在优化算法时可以先对矩阵进行分块，然后进行分块矩阵乘法，计算量并没有减少，只是简单矩阵的乘法准确率比高纬度矩阵乘法要高，计算时间上没有明显差别。

（2）GPU 下矩阵乘法的原理和 CPU 计算相同，区别在于 GPU 将不同的计算分别分配给 GPU 的多线程去执行，GPU 的特点是计算单元为线程，每一个线程块拥有上千个线程，每个线程之间可以同时调用一个内核函数，真正实现并行计算。具体一个线程执行多少计算量可以调整，这样去处理计算量非常大的数据就可以实现数量级的时间缩减。

（3）sobel 算子的原理是横轴和纵轴上的算子分别和图像做卷积，求出横向和纵向的亮度差分近似值。Sobel 算子根据像素点上下、左右邻点灰度加权差，在边缘处达到极值这一现象检测边缘。对噪声具有平滑作用，提供较为精确的边缘方向信息，边缘定位精度不够高。当对精度要求不是很高时，是一种较为常用的边缘检测方法。如果图像像素点非常多或待处理的图像数量也非常多时，用 CPU 来实现边缘检测非常占用时间，使用 GPU 并行处理的优势就非常明显，接下来通过程序来解读为何 GPU 并行计算可以实现数量级的时间缩减。

五、调试过程及实验结果

（1）矩阵乘法实现结果（512x512），如图 6-1 所示。

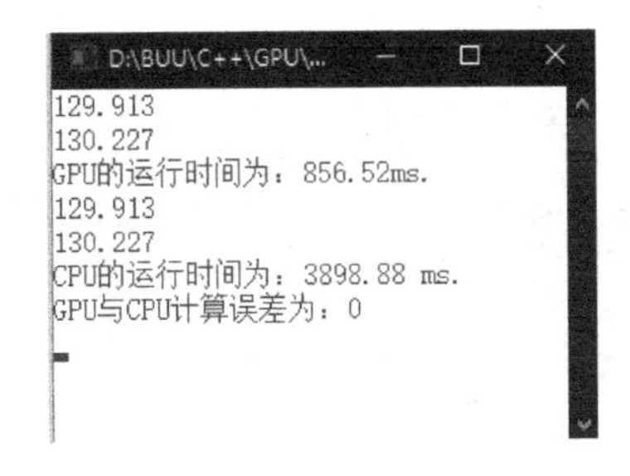

图 6-1 矩阵乘法实现结果

（2）Sobel 算子在 CPU 下的检测时间（21ms），如图 6-2 所示。

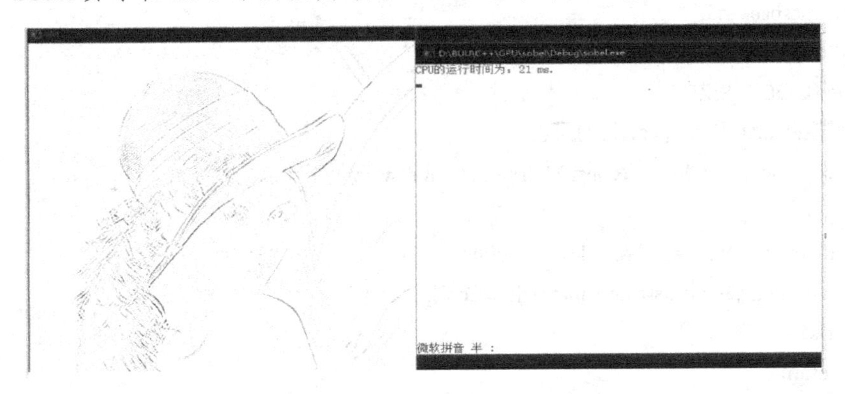

图 6-2 Sobel 算子在 CPU 下的检测时间

（3）Sobel 算子在 GPU 下的检测时间（0.3ms），如图 6-3 所示。

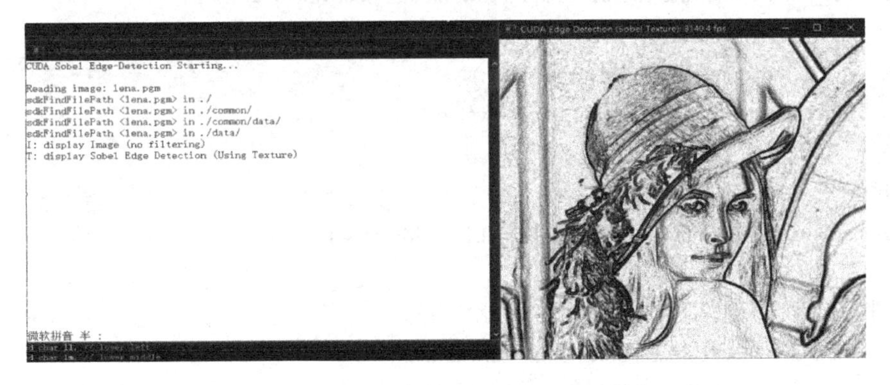

图 6-3 Sobel 算子在 GPU 下的检测时间

六、实验总结

（1）使用 GPU 编程可以实现真正的并行数据处理，最终可以实现数量级的时间缩减。

（2）与标准的 C 语言相比，GPU 编程代码上与之非常相似，实现起来比较容易。

（3）GPU 编程的难度在于如何将主机任务映射到设备上去并行执行，不同的任务对应不同的分配方法，这是可以进一步研究的方向。

七、主要实验程序代码

1. 矩阵乘法程序

```
#include "cuda_runtime.h"
#include "device_launch_parameters.h"
#include <iostream>
#include <Windows.h>
#include <time.h>
#include "createMatrix.h"
#include "handleError.h"
#include "matCompute_CPU.h"
using namespace std;
// 线程块的大小
#define BLOCK_SIZE 32
// 获得矩阵 mat 中(row, col)处的元素
__device__ float GetElement(const Matrix mat, int row, int col)
{
        if(row < mat.height && col < mat.width)
        return mat.elements[row * mat.stride + col];
        else
        return 0;
}
// 设置矩阵 mat 中(row, col)处的元素
__device__ void SetElement(Matrix mat, int row, int col, float value)
{
        if(row < mat.height && col < mat.width)
        mat.elements[row * mat.stride + col] = value;
}
// 矩阵相乘的核函数
__global__ void MatMulKernel(Matrix A, Matrix B, Matrix C)
{
 // 坐标索引，找该线程所对应的行列
        int x_id = blockDim.x * blockIdx.x + threadIdx.x;
        int y_id = blockDim.y * blockIdx.y + threadIdx.y;
```

```
        float Cvalue = 0;
    //线程 thread(row,col)负责计算 C(row,col)
        for(int i = 0; i < A.width; i++)
        {
            Cvalue += GetElement(A, y_id, i) * GetElement(B, i, x_id);
        }
    // 将计算结果写入 C 矩阵中
        SetElement(C, y_id, x_id, Cvalue);
    }
    // 矩阵相乘--主机代码
    // 默认矩阵的行和列都是 BLOCK_SIZE 的整数倍
    void MatMul(Matrix A, Matrix B, Matrix C)
    {
    // 将矩阵 A 拷贝到显存中
        Matrix d_A;
        d_A = matParameterCopy(A);
        HANDLE_ERROR( cudaMalloc((void**)&d_A.elements, d_A.size), );
    HANDLE_ERROR( cudaMemcpy(d_A.elements, A.elements, d_A.size,cudaMemcpyHostToDevice) );
    // 将矩阵 B 拷贝到显存中        Matrix d_B;
        d_B = matParameterCopy(B);
        HANDLE_ERROR( cudaMalloc((void**)&d_B.elements, d_B.size) );
        HANDLE_ERROR( cudaMemcpy(d_B.elements, B.elements, d_B.size,
cudaMemcpyHostToDevice) );
    // 为 C 开辟显存
        Matrix d_C;
        d_C = matParameterCopy(C);
        HANDLE_ERROR( cudaMalloc((void**)&d_C.elements, d_C.size) );
    // 核函数
        dim3 dimBlock(BLOCK_SIZE, BLOCK_SIZE);
        dim3 dimGrid((B.width + BLOCK_SIZE -1) / dimBlock.x,
                (A.height + BLOCK_SIZE -1) / dimBlock.y);
        MatMulKernel<<<dimGrid, dimBlock>>>(d_A, d_B, d_C);
    // 将 C 矩阵从显存中读到主机内存中
    HANDLE_ERROR( cudaMemcpy(C.elements, d_C.elements, d_C.size, cudaMemcpyDeviceToHost) );
    // 释放显存空间
        HANDLE_ERROR( cudaFree(d_A.elements) );
        HANDLE_ERROR( cudaFree(d_B.elements) );
        HANDLE_ERROR( cudaFree(d_C.elements) );
    }
```

```
int main()
{
// 声明矩阵 A、B、C 并分配空间
    Matrix A, B, C_GPU, C_CPU;
    A = createMat(512, 512);
    B = createMat(512, 512);
    C_GPU = createMat(512, 512);
    C_CPU = createMat(512, 512);
// 生成随机矩阵 A、B
    matGen(A);
    matGen(B);
    cudaEvent_t start_GPU, end_GPU;
    cudaEventCreate(&start_GPU);
    cudaEventCreate(&end_GPU);
    cudaEventRecord(start_GPU, 0);
// 矩阵相乘：C_GPU=A*B
    MatMul(A, B, C_GPU);
    cout << C_GPU.elements[0] << endl;
    cout << C_GPU.elements[512*512-1] << endl;
    cudaEventRecord(end_GPU, 0);
    cudaEventSynchronize(end_GPU);
    float elaspsedTime;
    cudaEventElapsedTime(&elaspsedTime, start_GPU, end_GPU);
    cout << "GPU 的运行时间为：" << elaspsedTime << "ms." << endl;
    cudaEventDestroy(start_GPU);
    cudaEventDestroy(end_GPU);
    clock_t start_CPU, end_CPU;
    start_CPU = clock();
    C_CPU = matMul_CPU(A, B);
    end_CPU = clock();
    cout << C_CPU.elements[0] << endl;
    cout << C_CPU.elements[512*512-1] << endl;
    double duration;
    duration = (double)(end_CPU - start_CPU)*512 / CLOCKS_PER_SEC;
    cout<<"CPU 的运行时间为："<< duration <<" ms."<<endl;
// 计算 GPU 与 CPU 计算误差
    double error_CPU_GPU = 0;
    error_CPU_GPU = matSum_CPU(matSub_CPU(C_CPU, C_GPU));
    cout << "GPU 与 CPU 计算误差为：" << error_CPU_GPU << endl;
```

```
    cudaThreadExit();
    getchar();
    return 0;
}
```

2. sobel 算子边缘检测主要核函数代码

```
//计算 Sobel 算子
__device__ unsigned char
ComputeSobel(unsigned char ul, // upper left
             unsigned char um, // upper middle
             unsigned char ur, // upper right
             unsigned char ml, // middle left
             unsigned char mm, // middle (unused)
             unsigned char mr, // middle right
             unsigned char ll, // lower left
             unsigned char lm, // lower middle
             unsigned char lr, // lower right
             float fScale)
{
    short Horz = ur + 2*mr + lr - ul - 2*ml - ll;
    short Vert = ul + 2*um + ur - ll - 2*lm - lr;
    short Sum = (short)(fScale*(abs((int)Horz)+abs((int)Vert)));

    if (Sum < 0)
    {
        return 0;
    }
    else if (Sum > 0xff)
    {
        return 0xff;
    }

    return (unsigned char) Sum;
}

__global__ void
SobelShared(uchar4 *pSobelOriginal, unsigned short SobelPitch,
#ifndef FIXED_BLOCKWIDTH
            short BlockWidth, short SharedPitch,
#endif
```

```
                short w, short h, float fScale)
{
    short u = 4*blockIdx.x*BlockWidth;
    short v = blockIdx.y*blockDim.y + threadIdx.y;
    short ib;

    int SharedIdx = threadIdx.y * SharedPitch;

    for (ib = threadIdx.x; ib < BlockWidth+2*RADIUS; ib += blockDim.x)
    {
    LocalBlock[SharedIdx+4*ib+0] = tex2D(tex,(float)(u+4*ib-RADIUS+0), (float)(v-RADIUS));
   LocalBlock[SharedIdx+4*ib+1] = tex2D(tex, (float)(u+4*ib-RADIUS+1), (float)(v-RADIUS));
   LocalBlock[SharedIdx+4*ib+2] = tex2D(tex, (float)(u+4*ib-RADIUS+2), (float)(v-RADIUS));
  LocalBlock[SharedIdx+4*ib+3] = tex2D(tex, (float)(u+4*ib-RADIUS+3), (float)(v-RADIUS));
    }

    if (threadIdx.y < RADIUS*2)
    {
        //
        // copy trailing RADIUS*2 rows of pixels into shared
        //
        SharedIdx = (blockDim.y+threadIdx.y) * SharedPitch;

        for (ib = threadIdx.x; ib < BlockWidth+2*RADIUS; ib += blockDim.x)
        {
      LocalBlock[SharedIdx+4*ib+0] = tex2D(tex,(float)(u+4*ib-RADIUS+0), (float)(v+blockDim.y-
RADIUS));
  LocalBlock[SharedIdx+4*ib+1] = tex2D(tex,(float)(u+4*ib-RADIUS+1),
   (float)(v+blockDim.y-RADIUS));
     LocalBlock[SharedIdx+4*ib+2] = tex2D(tex,(float)(u+4*ib-RADIUS+2),
   (float)(v+blockDim.y-RADIUS));
  LocalBlock[SharedIdx+4*ib+3] = tex2D(tex, (float)(u+4*ib-RADIUS+3),
   (float)(v+blockDim.y-RADIUS));
        }
    }
  __syncthreads();

    u >>= 2;      // index as uchar4 from here
    uchar4 *pSobel = (uchar4 *)(((char *) pSobelOriginal)+v*SobelPitch);
```

```
        SharedIdx = threadIdx.y * SharedPitch;

        for (ib = threadIdx.x; ib < BlockWidth; ib += blockDim.x)
        {

            unsigned char pix00 = LocalBlock[SharedIdx+4*ib+0*SharedPitch+0];
            unsigned char pix01 = LocalBlock[SharedIdx+4*ib+0*SharedPitch+1];
            unsigned char pix02 = LocalBlock[SharedIdx+4*ib+0*SharedPitch+2];
            unsigned char pix10 = LocalBlock[SharedIdx+4*ib+1*SharedPitch+0];
            unsigned char pix11 = LocalBlock[SharedIdx+4*ib+1*SharedPitch+1];
            unsigned char pix12 = LocalBlock[SharedIdx+4*ib+1*SharedPitch+2];
            unsigned char pix20 = LocalBlock[SharedIdx+4*ib+2*SharedPitch+0];
            unsigned char pix21 = LocalBlock[SharedIdx+4*ib+2*SharedPitch+1];
            unsigned char pix22 = LocalBlock[SharedIdx+4*ib+2*SharedPitch+2];
            uchar4 out;
            out.x = ComputeSobel(pix00, pix01, pix02,pix10, pix11, pix12,pix20, pix21, pix22, fScale);
            pix00 = LocalBlock[SharedIdx+4*ib+0*SharedPitch+3];
            pix10 = LocalBlock[SharedIdx+4*ib+1*SharedPitch+3];
            pix20 = LocalBlock[SharedIdx+4*ib+2*SharedPitch+3];
            out.y = ComputeSobel(pix01, pix02, pix00,pix11, pix12, pix10,pix21, pix22, pix20, fScale);
            pix01 = LocalBlock[SharedIdx+4*ib+0*SharedPitch+4];
            pix11 = LocalBlock[SharedIdx+4*ib+1*SharedPitch+4];
            pix21 = LocalBlock[SharedIdx+4*ib+2*SharedPitch+4];
            out.z = ComputeSobel(pix02, pix00, pix01,pix12, pix10, pix11,pix22, pix20, pix21, fScale);
            pix02 = LocalBlock[SharedIdx+4*ib+0*SharedPitch+5];
            pix12 = LocalBlock[SharedIdx+4*ib+1*SharedPitch+5];
            pix22 = LocalBlock[SharedIdx+4*ib+2*SharedPitch+5];
            out.w = ComputeSobel(pix00, pix01, pix02,pix10, pix11, pix12,pix20, pix21, pix22, fScale);
            if (u+ib < w/4 && v < h)
            {
                pSobel[u+ib] = out;
            }
        }
        __syncthreads();
    }
```

实验二　智能车虚拟交换模块 C++实现方案

一、实验目的及要求

(1) 掌握多线程编程的特点。

(2) 掌握互斥量的使用。

(3) 掌握 UDP 组播的使用。

二、实验环境

Microsoft Visual Studio 2013 环境，用 C++语言编写。

三、实验内容

(1) 在 C++中创建线程，模拟多线程执行任务。

(2) 设置回调函数，使用 UDP 组播发送消息。

(3) 查看消息是否正确发送和接收。

四、实验基础

智能车上的雷达、图像和架构组都使用 C++，因此需要一个 C++版本的虚拟交换程序提供进程间的通信，如图 6-4 所示。

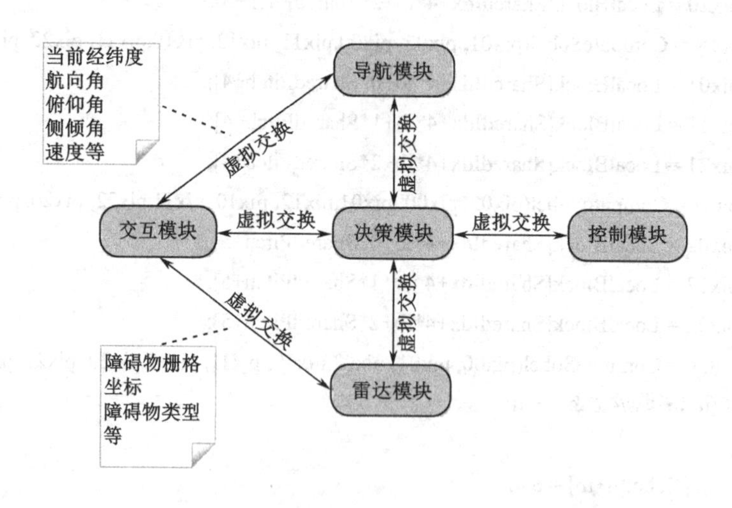

图 6-4　虚拟交换示意图

五、实验步骤

发送端通过 C#版的虚拟总线发送模拟的经纬度数据，接收端通过 C++版本的虚拟总线接收数据，如图 6-5 所示。

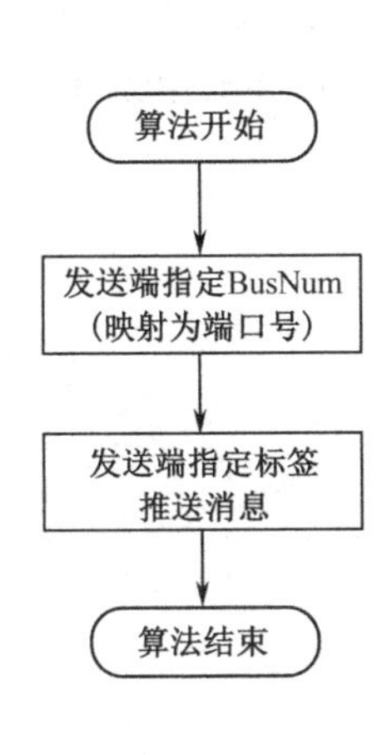

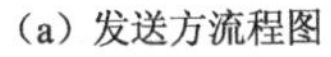
（a）发送方流程图

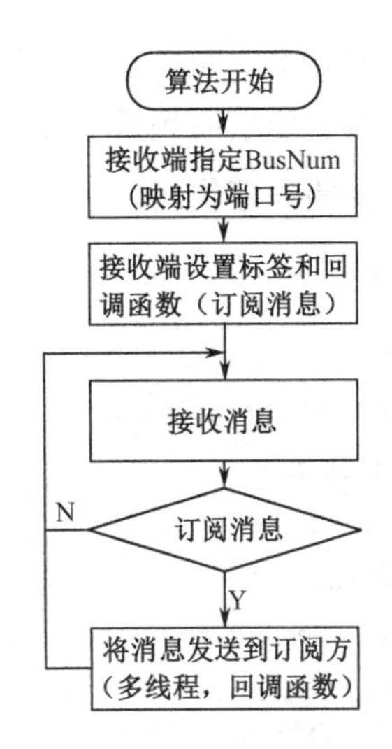

（b）接收方流程图

图 6-5 实验步骤

六、实验结果

（1）发送端结果图，如图 6-6 所示。

```
Send  Long itude:114.207639
Send  Lat itude:34.458761
Send  Long itude:114.207639
Send  Lat itude:34.458761
Send  Long itude:114.207639
Send  Lat itude:34.458761
Send  Long itude:114.207639
Send  Lat itude:34.458761
```

图 6-6 发送端结构图

（2）接收端结果图，如图 6-7 所示。

```
Receiue  Long itude:114.207639
Receiue  Lat itude:34.458761
Receiue  Long itude:114.207639
Receiue  Lat itude:34.458761
Receiue  Long itude:114.207639
Receiue  Lat itude:34.458761
Receiue  Long itude:114.207639
Receiue  Lat itude:34.458761
Receiue  Long itude:114.207639
Receiue  Lat itude:34.458761
Receiue  Long itude:114.207639
Receiue  Lat itude:34.458761
```

图 6-7 接收端结果图

七、总结

使用 boost 库的 UDP 接口可以轻松编写跨平台的 UDP 组播代码，这对以后智能车项目跨平台提供便利。目前这份代码在调用用户提供的回调函数时会开一个新线程。根据目前智能车各组通信的频繁度考虑，开销会比较大，之后要改用线程池实现。

八、主要实验程序代码

1. 发送端

```
using System;
using System.Collections.Generic;
using System.Linq;
using System.Text;
using System.IO;
using HappyCodingStudio;
using System.Threading;
namespace MsgSender
{
    class Program
    {
        static void Main(string[] args)
        {
            VirtualSwitchBus vs1 = new VirtualSwitchBus(2); //虚拟交换
            double Longitude = 114.207639;
            double Latitude = 34.458761;
            while (true)
            {
                MemoryStream stream = new MemoryStream();
                BinaryWriter writer = new BinaryWriter(stream);
                writer.Write(Longitude);//经度
                writer.Write(Latitude);//纬度
                vs1.PubMsg("CarPos", stream.ToArray());//虚拟交换发送数据
                Console.WriteLine("Send Longitude:{0}", Longitude);
                Console.WriteLine("Send Latitude:{0}", Latitude);
                Thread.Sleep(1000);
            }
        }
    }
}
```

2. 接收端

```
#include "stdafx.h"
#include <iostream>
#include <string>
```

```
#include <locale>
#include <boost/asio.hpp>
#include "boost/bind.hpp"
#include <boost/thread.hpp>
#include <boost/shared_ptr.hpp>
#include <boost/asio.hpp>
typedef std::function<void(boost::shared_ptr<char>, size_t)> functionPoint;
class VirtualSwitch
{
public:
 VirtualSwitch(int busNum) : socket_(io_service)
   { boost::asio::ip::udp::endpoint listen_endpoint(
        boost::asio::ip::address::from_string("0.0.0.0"), (busNum % 1024) + 6000);//映射端口
      socket_.open(listen_endpoint.protocol());
      socket_.set_option(boost::asio::ip::udp::socket::reuse_address(true));
      socket_.bind(listen_endpoint);
      socket_.set_option(
        boost::asio::ip::multicast::join_group(boost::asio::ip::address::from_string("239.65.61.60")));//组
播地址
  //异步接收
      socket_.async_receive_from(
           boost::asio::buffer(data_, max_length), sender_endpoint_,
           boost::bind(&VirtualSwitch::handle_receive_from, this, boost::asio::placeholders::error,
           boost::asio::placeholders::bytes_transferred));
 boost::thread(boost::bind(&boost::asio::io_service::run, &io_service));
   }

  //订阅消息
  void PubMsg(const std::string& msgLabel, functionPoint callbackFunction)
   {boost::unique_lock<boost::mutex> lock(mutex_);
     auto pos = function_map.find(msgLabel);
     if (pos != function_map.end())
     { return;   }
     else
     { function_map.insert(std::pair<std::string, functionPoint>(msgLabel, callbackFunction));//记录回调
函数}
   }

  //发送消息
```

```
    void SubMsg(const std::string& msgLabel, char* ptrContent, size_t bytes_send)
    { std::locale loc;
      char16_t Label[30] = {0};
      char Send[max_length] = {0};
      const char* begin = msgLabel.c_str();
      const char* end = begin + msgLabel.length() + 1;
      std::use_facet<std::ctype<char16_t>>(loc).widen(begin, end, Label);
      memcpy(Send, (char *)Label, 60);
      memcpy(Send + 60, ptrContent, bytes_send);
      //异步发送
      socket_.async_send_to(boost::asio::buffer(Send, 60+bytes_send), sender_endpoint_,
            [this](boost::system::error_code ec, std::size_t bytes_recvd)
          { if (!ec && bytes_recvd > 0)
            { std::cout << "send suceess" << std::endl; }
            else        { std::cout << boost::system::system_error(ec).what() << std::endl;}
          } );
      }

    //取消订阅
    void UnSubMsg(const std::string& msgLabel)
    { boost::unique_lock<boost::mutex> lock(mutex_);
      auto pos = function_map.find(msgLabel);
      if (pos != function_map.end())
      { return;    }
      else { function_map.erase(pos);    }    }
   private:
   void ExecCallback(size_t bytes_recvd)
   {
    std::locale loc;
    char change[30] = {0};
    std::use_facet<std::ctype<char16_t>>(loc).narrow((char16_t *)data_, (char16_t *)(data_+60), '?',
change);
    boost::unique_lock<boost::mutex> lock(mutex_);
    auto pos = function_map.find(change);
    if (pos != function_map.end())
    {     boost::shared_ptr<char> spContent(new char[bytes_recvd - 60]);
          strncpy(spContent.get(), data_ + 60, bytes_recvd - 60);
          boost::thread Worker(boost::bind(pos->second, spContent, bytes_recvd - 60));//开线程调用回调
函数
```

```
    }
  }

  void handle_receive_from(const boost::system::error_code& error,
   size_t bytes_recvd)
  {       if (!error)
   {      ExecCallback(bytes_recvd);
          socket_.async_receive_from(boost::asio::buffer(data_, max_length), sender_endpoint_,
                 boost::bind(&VirtualSwitch::handle_receive_from, this,boost::asio::placeholders::error,
                 boost::asio::placeholders::bytes_transferred));
   }
  }
  private:
    boost::asio::io_service io_service;
    boost::asio::ip::udp::socket socket_;
    boost::asio::ip::udp::endpoint sender_endpoint_;
    std::map<std::string, functionPoint> function_map;
    boost::mutex mutex_;
    enum { max_length = 102400 };
    char data_[max_length];
  };
  class TestVirtualSwitch
  {
  public:
  TestVirtualSwitch() : vs(2)
   {
  vs.PubMsg("CarPos", std::bind(&TestVirtualSwitch::TestReceive, this, std::placeholders::_1, std::
placeholders::_2));
   }
   void TestReceive(boost::shared_ptr<char> spContent, size_t length)
   {
          char *ptrContent = spContent.get();
          double *ptrLongitude =(double *)ptrContent;
          double Longitude = *ptrLongitude;
          double *ptrLatitude = (double *)(ptrContent+8);
          double Latitude = *ptrLatitude;
          std::cout << "Receive Longitude:" << std::setprecision(10) << Longitude << std::endl;
          std::cout << "Receive Latitude:" << std::setprecision(10) << Latitude << std::endl;
          return;
```

```
 }
private:
 VirtualSwitch vs;
};
int main(int argc, char* argv[])
{   try
   {   TestVirtualSwitch test;
    while(true)   {}
   } catch (std::exception& e)
   {   std::cerr << "Exception: " << e.what() << "\n"; }
   return 0;
}
```

第 6 章实验程序清单

实验程序序号	程序说明	对应章节
63	GPU 并行编程	第六章节实验一
64	智能车虚拟交换模块 C++实现方案	第六章节实验二

附录A　Linux 命令速查及疑难解答

一、Linux 命令速查

1. 注销、关机、重启

（1）Logout 注销是登录的相对操作，登录系统后，若要离开系统，用户只要直接下达 logout 命令即可。

（2）关机或重新启动的 shutdown 命令。

Shutdown 命令可以关闭所有程序，依照用户的需要，重新启动或关机。

参数说明如下：

立即关机：-h，参数让系统立即关机。

范例如下：

shutdown －h now

指定关机时间：

shutdown now ← 立刻关机

shutdown +5 ← 5 分钟后关机

shutdown 10:30 ← 在 10:30 时关机

关机后自动重启：-r，参数设置关机后重新启动。

范例如下：

shutdown -r now ← 立刻关闭系统并重启

shutdown -r 23:59 ← 指定在 23:59 时重启动

（3）重新启动计算机的 reboot 命令。

2. 文件与目录的操作

（1）列出文件列表的 ls 命令。

ls(list)命令是非常有用的命令，用来显示当前目录中的文件和子目录列表。配合参数的使用，能以不同的方式显示目录内容。

当运行 ls 命令时，并不会显示名称以“.”开头的文件。因此可加上“-a”参数指定要列出这些文件。以“-s”参数显示每个文件所有的空间，并以“-S”参数指定按所有占用空间的大小排序。

（2）切换目录的 cd 命令。

cd(change directory)命令可让用户切换当前所在的目录。

范例如下：

cd tony ← 切换到当前目录下的 tony 子目录

cd .. ← 切换到上一层目录

cd / ← 切换到系统根目录

cd ← 切换到用户主目录

cd /usr/bin ← 切换到/usr/bin 目录

（3）创建目录的 mkdir 命令。

Mkdir(make directory)命令可用来创建子目录。

（4）删除目录的 rmdir 命令。

（5）复制文件的 cp 命令。

cp(copy)命令可以将文件从一处复制到另一处。一般在使用 cp 命令将一个文件复制成另一个文件或复制到某个目录时，需要指定原始文件名和目的文件名或目录。

范例如下：

cp data1.txt data2.txt ← 将 data1.txt 复制成 data2.txt

cp data3.txt /tmp/data ← 将 data3 复制到/tmp/data 目录中

（6）删除文件（目录）的 rm 命令。

rm(remove)命令可以删除文件或目录。

范例如下：

rm myfile ← 删除指定的文件

rm * ← 删除当前目录中的所有文件

rm 命令的常用参数如下：

- 强迫删除：使用-f 参数时，rm 命令会直接删除文件，不再询问。

范例如下：

rm –f *.txt ← 强迫删除文件

- 递回删除：-r 也是一个常用的参数，使用此参数可同时删除指定目录下的所有文件及子目录。

范例如下：

rm –r data ← 删除 data 目录（含 data 目录下所有文件和子目录）

rm –r * ← 删除所有文件（含当前目录所有文件，所有子目录和子目录下的文件）

- 强制删除指定目录：当使用-r 参数删除目录时，若该目录下有许多子目录及文件，则系统会不间断地询问，以确认的确要删除目录或文件。若已确定要删除所指目录及文件，则可以使用-rf 参数，如此一来，系统将直接删除该目录中所有的文件及子目录，不再询问。

范例如下：

rm –rf tmp ←强制删除 tmp 目录及该目录下所有文件及子目录

- 显示删除过程：使用-v 参数。

范例如下：

rm –v

（7）让显示画面暂停的 more 命令。

为了避免画面显示瞬间就闪过去，用户可以使用 more 命令，让画面在显示满一页时暂停，此时可按空格键继续显示下一个画面，或按 Q 键停止显示。

单独使用 more 命令时，可用来显示文字文件的内容。范例如下：

more data.txt

（8）连接文件的 cat 命令。

cat(concatenate) 命令可以显示文件的内容（经常和 more 命令搭配使用），或是将数个文件合并成一个文件。

（9）移动或更换文件、目录名称的 mv 命令。

mv (move)命令可以将文件及目录移动到另一个目录下面，或更换文件和目录的名称。

（10）显示当前所在目录的 pwd 命令。

pwd (print working directory) 命令可显示用户当前所在的目录。

（11）查找文件的 locate 命令。

locate 命令可用来搜索包含指定条件字符串的文件或目录，范例如下：

locate zh_CN←列出所有包含“zh_CN”字符串的文件和目录

由于 locate 命令是从系统中保存文件及目录名称的数据库中搜索文件，虽然系统会定时更新数据库，但对于刚新增或删除的文件、目录，仍然可能会因为数据库尚未更新而无法查得，此时可用 root 身份运行 updatedb 命令更新，为使数据库的内容正确。

（12）搜索字符串的 grep 命令。

grep 命令可以搜索特定字符串并显示出来，一般用来过滤先前的结果，避免显示太多不必要的信息。

grep text *.conf ← 搜索当前目录中扩展名为.conf 且包含“text”字符串的文件

grep:amd.conf: ← 拒绝不符权限的操作

grep:diskcheck.conf: ← 拒绝不符权限的操作

grep:grub.conf ← 拒绝不符权限的操作

若是使用一般权限的用户运行，上例的输出结果会包含很多如“拒绝不符权限的操作之类”的错误信息，可使用-s 参数消除。

grep －s text *.conf

（13）重导与管道。

重导（redirect）可将某命令的结果输出到文件中，它有两种命令:“>”和“>>”。“>”可将结果输出到文件中，该文件原有的内容会被删除；“>>”则将结果附加到文件中，原文件内容不会被清除。

3. 使用光盘和软盘

在 Linux 的文字模式下要使用光盘或软盘，并不是只将光盘或软盘放入即可，用户需要运行加载的命令，才可读写数据。所谓加载就是将存储介质（如光盘和软盘）指定成系统中的某个目录（如/mnt/cdrom 或 mnt/floppy）。通过直接存取此加载目录，即可读写存储介质中的数据。下面介绍文字模式下的加载和卸载命令。

（1）加载的 mount 命令。

要使用光盘时先把光盘放入光驱，然后执行加载命令 mount，将光盘加载至系统中。

mount/dev/cdrom/mut/cdrom ← 加载光盘

同理，使用软盘之前也需要和光盘一样，必须先加载后才能使用。

mount/dev/fd0/mut/floppy ← 加载软盘

（2）卸载的 umount 命令。

如果不需要使用光盘或软盘，则需执行卸载命令，才能将光盘或软盘退出。

umount / mnt/cdrom ← 光盘卸载

在不使用软盘时执行 umount 命令卸载软盘，再将软盘拿出。

umount / mnt/ ← 软盘卸载

4. *在后台运行程序*

有时用户的程序可能要花费很多时间，如果将它放在前台运行，将导致无法继续做其他事情，最好的方法就是将它放在后台运行，甚至希望在用户注销系统后，程序还可以继续运行。现在看看如何实现这一目的。

（1）在后台运行程序的&、bg 命令。

将程序放到后台运行的最简单方法就是在命令最后加上“&”。

updatedb & ← 在后台执行 locate 数据库更新命令

bg ← 将更新操作放到后台运行

（2）前台运行的程序 fg 命令。

如果用户当前已有程序在后台运行，可以输入 fg 命令，将它从背景中移到前台运行。

fg ← 放到前台执行的命令会显示出来

（3）在退出后，让程序继续运行的 nohup 命令。

此命令可使用户退出系统后，程序继续运行。

nohup myserver &

然后用户就可以退出了，当再次登录的时候，可以用 ps －aux 命令看到程序仍在后台运行。

5. *任务调度命令*

计算机有很多程序需要周期性的被运用，例如清理磁盘中不要的暂存盘、备份系统数据、检查远程服务器的邮件等。对于这些重复性的工作，其实不需要每次都辛苦地运行这些程序。可利用任务调度命令，指定系统定期在某个时间运行这些程序，轻轻松松完成想要执行的工作。

任务调度的 crond 常驻命令， crond 是 Linux 用来定期执行程序的命令。

当安装完成操作系统后，便会默认启动此任务调动命令。crond 命令每分钟会定期检查是否有要执行的工作，如果有要执行的工作，便会自动执行该工作。由于任务调度中间的操作过程十分繁杂，现在只将任务调度文件的语法介绍给大家。

Minute Hour Day Month DayOfWeek Command

在上面的语句中除了“Command”是每次都必须指定的字段以外，其他皆可视需求自行决定是否指定。

6. 任务调度的系统工作

/ect/crontab/文件是Linux系统工程的任务调度设置文件，其默认的内容如下：

SHELL=/bin/bash ← 指定执行任务调度工作时所使用的SHELL

PATH=/shin:/bin:/usr/sbin:/usr/bin ← 指定命令搜索的路径

MAILTO=root ← 指定将输出结果给root用户

HOME=/ ← 指定根目录

7. 任务调度的个人工作

除了上述任务调度的系统工作外，一般用户可利用crintab命令，自行设置要定期执行的工作。

每个用户可执行 crontab －e 命令，编辑自己的任务调度设置文件，并在此文件加入要定期执行的工作。以下范例为tony用户编辑的任务调度设置文件。

crontab －e

执行上述命令后，会进入VI文本编辑器自行编辑任务调度的工作。

8. 删除调度工作任务

如果不想再定期执行任务调动中的工作，则可执行crontab －r命令删除所有任务调度的工作。

crontab －r ← 删除任务调度中的工作

crontab -1 ← 再查看一次任务调度中的工作

no crontab for tony ← 已经没有任何任务调度工作

9. 打包、压缩与解压缩

由于这是每一个 Linux 用户都会经常用到的基本功能，因此介绍最常见的打包、压缩和解压缩程序。

（1）打包文件的tar命令。

tar命令位于/bin目录中，它能将用户所指定的文件或目录打包成一个文件，不过它并不做压缩工作。一般 UNIX 上常用的压缩方式是先用 tar 命令将许多文件打包成一个文件，再以gzip等压缩命令压缩文件。tar命令参数繁多，以下举例常用参数作说明。

-c:创建一个新的tar文件；

-v:显示运作过程信息；

-f:指定文件名称；

-z:调用gzip压缩命令执行压缩；

-j:调用bzip2压缩命令执行压缩；

-t:参看压缩文件内容；

-x:解开 tar 文件。

在此举一常用范例，如下：

tar cvf data.tar * ← 将目录下所有文件打包成 data.tar

tar cvf data.tar.gz * ← 将目录所有文件打包成 data.tar 再用 gzip 命令压缩

tar tvf data.tar * ← 查看 data.tar 文件中包括了哪些文件

tar xvf data.tar * ← 将 data.tar 解开

（2）压缩与解压缩。

tar 命令本身没有压缩能力，但是可以在产生的 tar 文件后，立即使用其他压缩命令来压缩，省去需要输入两次命令的麻烦。

使用-z 参数来解开最常见的.tar.gz 文件，如下：

tar –zxvf foo.tar.gz ←将文件解开至当前目录下

使用-j 参数解开 tar.bz2 压缩文件，如下：

tar –jxvf Linux-2.4.20tar.bz2 ←将文件解开至当前目录下

使用-Z 参数指定以 compress 命令压缩，如下：

tar –cZvf prcture.tar.Z*.tif ←将该目录下所有.tif 打包并命令压缩成.tar.Z 文件

10. 其他常用命令

Linux 可用的命令相当多，本附录只举例几个常用的命令进行说明，在以后，还会接触到许多其他命令。

（1）修改密码的 passwd 命令。

passwd(password)命令可让用户变更密码，范例如下：

passwd

Changing password for user tony

Changing password for tony

(current)UNIX password: ← 输入原密码

New password: ← 输入新密码

Retype new password ← 在此再输入新密码

passwd: all authentication tokens updated successfully ← 密码修改成功

（2）创建引导盘的 mkbootdisk 命令。

如果安装系统时，并没有制作引导盘，或者引导盘已经损害，可以在安装系统之后，利用 mkbootdisk 命令创建一张新的引导盘。

mkbootdisk 'uname -r'

执行上述指令便可以成功地创建一张引导盘。请保存好引导盘，已备急用。

（3）显示与设置时间的 date、clock 和 ntpdate 命令。

date 命令可以显示当前日期时间，范例如下：

date

-9月 8 10:00:00 CST 2006

CST 为中部标准时间。

clock 命令也可以显示出系统当前的日期与时间，不过 clock 命令默认不允许一般用户执行，请用 root 账号执行，范例如下：

clock

公元 2006 年 9 月 8 日（周五）10 时 00 分 00 秒 0.112604 seconds

如果系统时间不正确要想更改，可以使用 date 命令来设置时间。用 root 账号如下操作:

date 09091200 ← 将时间设定为 9 月 9 日 12 点 00 分

用户有时可能会苦于不知道标准时间。没关系，当前网络上也有校对时服务器提供的标准时间。因此可执行 ntpdate 命令，将系统时间设成与校时服务器一致。

ntpdate stdtime.microsoft.com ← 与微软校时服务器校时。

然后再执行一次 date 命令，就会发现系统时间已经更改。不过这样还没有结束，还需要执行 clock －w 命令将更改的时间写入计算机的 CMOS 中，这样下次启动时才会使用更改过的时间。范例如下：

clock －w

二、疑难解答

常用的基本命令先介绍到这里，现在来讲讲新手在使用过程中遇到的一些疑难问题的解决方法，以及在操作过程中的一些应用技巧。

1. 如何进入文字模式

当安装 Linux 时，可选择启动后要进入文字模式或图形模式。如果选择的是文字模式则可略过此说明;若是直接进入 X Window 的图形模式，仍可以使用下列方式，进入文字模式。

（1）在 X Window 中打开文字模式窗口。

以默认的 GNOME 窗口环境为例，在 X Windows 下进入文字模式最简单的方式，就是在桌面空白处单击鼠标右键，执行“新增终端命令”，打开文字模式窗口。在文字模式窗口中可以用 Shift+Page Up 和 Shift+Page Dwon 键来卷动窗口内容。

（2）切换虚拟主控制台进入文字模式。

Linux 主机在主控制台（console）下提供了 7 个虚拟主控台，在每一个虚拟主控台中可以运行各自的程序。可以在登录 X Window 系统后的任何时间，按下 Ctrl+Alt+Fn 键来切换到其他的虚拟主控台，其中的 Fn 是指 F1～F7 的功能键。

（3）启动直接进入文字模式。

要设置启动时直接进入文字模式，可以使用任何一个文本编辑器，打开/etc/inittab 文件，在文件中查找“id:5:initdefault:”这一段文字，并将其改为“id:3:initdefault:”即可。

2. etc/inittab 设置错误，导致无法启动

若修改/etc/inittab 后无法正常启动，则可以在启动时采用单人模式进入系统，重新修改 inittab 设置文件以解决问题。

若使用 GRUB 为引导装载程序时，只要在启动显示菜单画面时，按 a 键，并在命令行输入以下参数以进入单人模式。

grub append > ro root=LABEL=/s ← 只要在命令行原来的语句后，加“S”即可

使用 LILO 为引导装载程序时，同样在启动显示 LILO 菜单画面时，按 Ctrl+X 键，切换到文字模式的 LILO 登录画面，并输入以下参数即可。

boot: Linux s ← 表示系统直接进入单人模式

3. 如何查询命令的用法

在 Linux 系统中，如果用户对某命令的功能不大清楚，可以使用 man 命令查询帮助信息。

man shutdown ← 以 man 命令查询稍后要介绍的 shutdown 命令的用法

大多数命令的语法，还可以通过-h 或-help 参数查询。例如 shutdown 命令的语法可以运行 shutdown －h 或上述的 man shutdown 命令查得。

4. 避免按 Ctrl+Alt+Del 重新启动系统

在 Linux 中直接按下 Ctrl+Alt+Del 三个键后就会重新启动，如果不希望任何人利用这组组合键随意重新启动计算机，请用文本编辑器修改/etc/inittab 文件。

#ca::ctrlaltdel:/sbin/shut down －t3 －r now ← 在此之前加上“#”。

存盘后重新启动计算，以后就无法用 Ctrl+Alt+Del 键重新启动了。

5. 文字模式下的中文信息出现乱码

在 Red Hat Linux 中，若是在 X Window 下打开文字模式窗口，以文字模式操作，则所有中文文件名、月份，甚至部分信息都可以正常的以中文显示。但在文字模式的虚拟控制台中，这些中文信息，则会变成乱码，此时可做如下操作，将此信息改成英文显示。

[root@free root]$ LANG=C

ls －l

运行 LANG=C 命令后原来以中文显示（乱码）的部分，变成英文。

若想改回原来的设置，则只要再执行 LANG=zh_CN 命令即可。

[root@free root]$ LANG=zh_CN

6. 看不到中文文件名

如果加载的存储介质中含有中文文件名，需要再运行 mount 命令，再加上“-o iocharset=cp950”参数，这样才能看到保存在媒体内的中文文件名。例如，加载光盘就可以执行以下命令。

mount －o iochatset=cp950/dev/cdrom/mnt/cdrom

7. 如何调换光盘

当光盘已经被加载成为一个目录时，按下光驱上面的退出按钮，将无法退出光盘，必须先将光盘卸载后，才能退出光盘。

若当前所在之处就是光盘的加载目录（如/mnt/cdrom)，或有其他用户正在此目录下，将无法成功卸载它，当然也不能退出光盘。

umount/mnt/cdrom

umount:/mnt/cdrom: device is busy ← 此光盘正在被使用中

先将工作目录切换到别处，或要求其他用户离开此目录，才可卸载目录并退出光盘。而更换光盘之后，记得要将光盘再次加载才能使用。

附录B 文件编辑器vi 命令

（1）移动光标类命令。

该类指令如果不容易记忆，可以直接在输入模式下用上下左右箭头键来实现光标的移动（见表B.1）。

表B.1 移动光标类常用命令

命　　令	功　　能
h	光标左移一个字符
l	光标右移一个字符
k	光标向上移动一行
j	光标向下移动一行
0（数字）	光标移动到当前行行首
$	光标移动到当前行行尾
^	光标移动到当前行的第一个字符处
nG	光标移动到第n行行首
n$	光标移动到第n行行尾
{	光标移动到当前段段首
}	光标移动到当前段段尾
n+	光标向下移动n行
n-	光标向上移动n行
H	光标移动到屏幕顶行
M	光标移动到屏幕中间行
L	光标移动到屏幕最后一行

（2）屏幕翻滚类命令（见表B.2）。

表B.2 屏幕翻滚类常用命令

命　　令	功　　能
Ctrl+u	向文件首翻半屏
Ctrl+d	向文件尾翻半屏
Ctrl+b	向文件首翻一屏
Ctrl+f	向文件尾翻一屏

（3）插入文本类命令（见表 B.3）。

表 B.3　插入文本类常用命令

命　令	功　能
a	在光标之后插入
i	在光标之前插入
A	在当前行行尾插入
I	在当前行行首插入
o	在当前行之下新增一行
O	在当前行之上新增一行
s	从当前光标位置处开始，以输入的文本替代指定数目的字符
S	删除指定数目的行，并以所输入文本代替之
r	替换当前字符
R	替换当前字符及其后的字符，直至按 ESC 键

（4）删除命令

可以在输入模式下使用“Delete”键进行删除（见表 B.4）。

表 B.4　删除常用命令

命　令	功　能
x	删除光标所在位置后面一个字符
X	删除光标所在位置前面一个字符
nx	删除从光标处开始的 n 个字符
dd	删除光标所在行
ndd	删除包括光标所在行在内的 n 行

（5）复制命令（见表 B.5）。

表 B.5　复制命令

命　令	功　能
yy	复制当前行到临时缓冲区
nyy	复制从当前行开始的 n 行到临时缓冲区
p	将临时缓冲区的内容粘贴到光标的后面
P	将临时缓冲区的内容粘贴到光标的前面

（6）查找和替换命令（见表 B.6）。

表 B.6　查找和替换命令

命　令	功　能
/pattern	从光标处向后查找 pattern
?pattern	从光标处向前查找 pattern
n	向同一方向重复查找
N	向相反方向重复查找
:n1,n2 s/old/new/g	将 n1 至 n2 行中的 old 替换为 new
:s/old/new/g	将当前行中的 old 替换为 new
:%s/old/new/g	将文件中的所有 old 替换为 new

（7）保存与退出命令（见表 B.7）。

使用 vi 编辑器编辑文本时，vi 先对缓冲区中的文件进行编辑，保留在磁盘中的文件不变，因此，在退出 vi 时，需要考虑是否保存所编辑修改的内容，再选择合适的命令退出。

表 B.7 保存和退出命令。

命　令	功　能
:w	保存文件，但不退出 vi
:w filename	将文件内容保存到 filename 中，但不退出 vi
:wq 或:zz 或:x	保存文件，退出 vi
:q	退出 vi，若文件被修改过，则要被要求确认是否放弃所修改的内容
:q!	不保存文件，退出 vi

附录C　Windows 控制台命令

1. 系统管理

- cmd：启动 Windows 命令窗口。
- chcp：活动控制台代码页。
- prompt：显示更改 Windows 命令提示符。
- color：设置命令行窗口颜色。
- title：命令行窗口标题。
- date：显示或设置日期。
- time：显示或设置系统时间。
- w32tm：时间服务。
- doskey：创建宏。
- systeminfo：显示系统信息。
- mem：显示内在分配。
- tasklist：显示任务进程。
- at：结束任务进程。

2. Winows 文件操作命令

（1）对文件操作的命令。

- dir：查看文件。
- attrib：显示或更改文件属性。
- ren(rename)：重命名文件名。
- comp：比较两个或两套文件的内容。
- copy：文件复制。
- del(erase)：文件删除。
- move：将文件从一个目录移到另一个目录。

（2）对目录操作的命令。

- md(MKDIR)：建立一个目录。
- cd(CHDIR)：改变当前的目录。
- rd(rmdir)：删除目录。
- tree：显示驱动器或路径的目录结构。

参考文献

[1] Linux 系统调用的实现机制分析。
http://blog.chinaUNIX.net/uid-20321537-id-1966859.html

[2] 进程间通信——消息传递（消息队列）。
http://www.2cto.com/kf/201303/193691.html?_=40ee

[3] ubuntu 10.10 添加系统调用的方法。
http://www.cnblogs.com/kenjones/archive/ 2011/03/09/1978611.html

[4] 向 Linux 内核添加系统调用函数。
http://wenku.baidu.com/view/dfa3375e312b3169 a451a473.html

[5] 向 Linux 内核中添加三个系统调用（Ubuntu9.10）。
http://www.cnblogs.com/zero1665/archive/2010/05/05/1728347.html

[6] 生产者—消费者问题详解。
http://blog.chinaUNIX.net/uid-21411227-id-1826740.html

[7] 秒杀多线程第十一篇：读者写者问题。
http://blog.csdn.net/morewindows/article/details/7596034